庭院设计解析

设计解析

凤凰空间／编

江苏凤凰科学技术出版社

南 京

图书在版编目（CIP）数据

庭院设计解析 / 凤凰空间编 . -- 南京 ：江苏凤凰
科学技术出版社，2020.6（2022.10 重印）
ISBN 978-7-5713-1113-1

Ⅰ．①庭… Ⅱ．①凤… Ⅲ．①庭院－园林设计 Ⅳ．
① TU986.2

中国版本图书馆 CIP 数据核字 (2020) 第 072582 号

庭院设计解析

编　　　者	凤凰空间
项目策划	凤凰空间／杜玉华
责任编辑	赵　研　刘屹立
特约编辑	杜玉华

出 版 发 行	江苏凤凰科学技术出版社
出版社地址	南京市湖南路 1 号 A 楼，邮编：210009
出版社网址	http://www.pspress.cn
总 经 销	天津凤凰空间文化传媒有限公司
总经销网址	http://www.ifengspace.cn
印　　　刷	天津图文方嘉印刷有限公司

开　　　本	889 mm×1194 mm 1/16
印　　　张	9
字　　　数	144 000
版　　　次	2020 年 6 月第 1 版
印　　　次	2022 年 10 月第 2 次印刷

标 准 书 号	ISBN 978-7-5713-1113-1
定　　　价	69.80 元

目录

温莎半岛 ·····················

项目地点：上海市
花园面积：约 800 平方米
花园造价：约 150 万元
施工周期：90 天
设计风格：新古典主义
设计师：侯坚英
设计单位：上海溢柯园艺有限公司

　　这是一座位于上海著名高级住宅区——松江泰晤士小镇的大宅花园，主导花园需求的是一位对美、对生活品质非常有要求的女士。她在选择造园公司及设计师上都很用心，在事先做了大量考察工作后，她才致电我们服务热线咨询，指名要求必须由公司最有经验的设计师来做，否则宁可无限期等待。当时设计师正在夜以继日地赶工一个大型的商业空间项目，为着主人这分诚意与认可，还是接手了本案。

　　花园客厅的位置原先是一片竹林，一眼望去非常杂乱，且不便通行。在现场施工过程中，设计师偶然发现这里视角极佳，于是说服业主把竹林全部去掉，作为烧烤料理区的延伸，在这里设立一个花园客厅。在平添出来的这个空间里，平日可以与家人闲坐，喝茶读报，抬头便能享受到自然的馈赠，这是令业主最为意外和惊喜的。

小贴士

花园变大秘籍：
1.开阔区域尺度做足，大气通透；
2.转承区与生活区域有细节，丰富精致；
3.巧妙的借景手法。
这样的花园就会舒展又丰富，自然也就显大了。

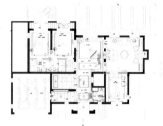

原始测量图（图中尺寸单位均为毫米）

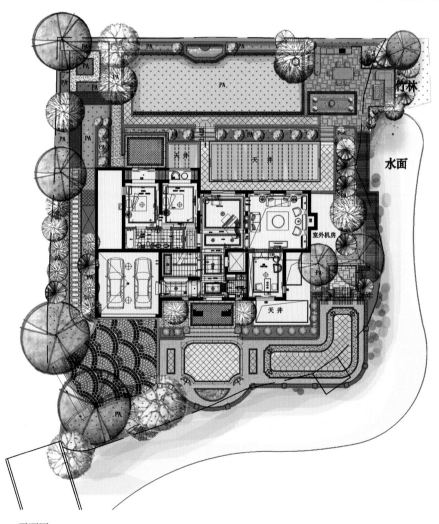

平面图

花园的边界原本是斜向的，所以亲水栈道有一半挑空在水面上。通常的做法是把路留在里侧，植物种在外侧。但考虑到有一些设备紧邻建筑，设计师将植物种植在里，栈道挑空在外，侧院反倒显得更为宽敞开阔。

栈道之所以曲折，是因为挑空不能做太多，另外也考虑到不能占用太多公用位置，以免影响邻里，所以设计师在这里做了一个转折。

细节见品质

特别设计的铁艺入户门，简洁而大气，部分镂空的造型既保证了一定的私密性，又不会看起来太沉闷。

入口进来的地面是由弹石以鱼鳞纹铺装的扇形坡地。不要小瞧这片坡地，其中大有文章。第一，依原有地势保留的坡度，可以保证下雨过后地面的积水能及时排干净，但因为要与建筑入口、车库入口自然对接，便形成了地坪标高都不一样的五个角点，这对施工的要求非常高。第二，小料石材的选料与切割及勾缝工艺的处理非常花工夫。我们选用了锈石和山东金麻两种弹石做配比，使得色彩效果更丰富自然。每一道缝都由人工双道工序勾出。

岸边纯石材栏杆的线条是设计师的原创，柱体的比例关系比较忠实于欧式经典柱式。酒瓶柱的造型也非常考究，精细的处理体现了庭院的高级品位，却毫不张扬。

广场地坪如果不注意细节处理，都用同一种材质，或铺装图案不讲究，便很容易显得生硬和呆板。但铺装材质的变化又不能太花哨，否则便没了气韵。因此设计师选用了花岗岩配马赛克、水洗石，虽然它们有多种材质，但都属同一色系，

在边缘再点缀上铜丝掐花的工艺，即达成了精致的层次感，又不浮夸生硬。

因业主家有行动不便的老人，设计师坚持在有限的空间里做出一个无障碍通道。在通常情况下，柱体是落在台阶前侧的，但是因为广场不大，设计师希望尽量多地保留活动面积，以及障碍通道能确保一辆轮椅顺畅通过。所以，柱头的落位与台阶的碰接点，都是经过反复计量演算而精心设计的。

小贴士

在私家造园里，应避免生冷锐利的感觉，所以即便因牢固需要而用到花岗岩，也会先进行表面处理。

由于内侧院比较狭长，除了种植一些观赏性植物，设计师还就着房屋建筑边缘的平台为业主设计了一排储藏柜，用于放置花园里的各类工具、肥料和杂物，比起业主最初设想的侧院仅仅作为走廊通道、储物柜的设计更好地利用了空间，非常实用。业主入住后，使用起来非常满意。

为了避免使用标准规格石材和普通拼接方法产生细碎杂乱的感觉，设计师对后院地面小径与台阶的对接位铺装模数也做出了相应的改变，从而呈现出一种让人愉悦的整体美感。

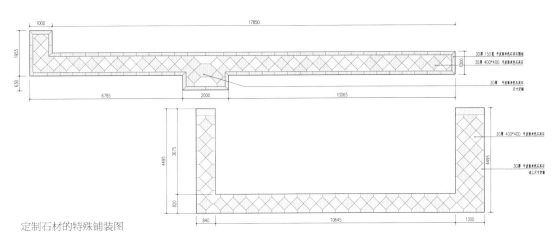

定制石材的特殊铺装图

花园客厅的栏杆外侧，设计师留出了一个小土丘，种上羽毛枫，靠绿篱的一侧还种下一棵香樟树。经过精确计算，剩下的区域刚好摆得下一套户外沙发椅。

悦己，亦悦人

　　一座好花园，不仅要让身临其境的业主觉得美，也要让置身园外的邻居们觉得落落大方。所以设计师对水岸的处理，采用了更为复杂的景观垒石的方案，石头在尺度设置上也为植物生长留有余地，并特别添置了杉木桩以便种植更多的亲水植物，从对岸看过来非常自然。

好客户 = 花园成功了一半

　　由于前院广场式庭院给人的感觉非常大气，如使用一棵主景树配上有层次感的下层苗木等，这类常规的方式很难与之相匹配。因此设计师在花园格局基本形成时，陪同业主去精品苗圃选购树种。这棵日本进口鸡爪槭的主干非常有特色，设计师和业主几乎同时选中它。在起伏的草坪配上一棵这样古朴遒劲、年代感十足的鸡爪槭，与广场的整体气度非常吻合。

同期选中的还有后院草坪上的紫薇以及花园会客区的茶梅。

设计师初来测量地形时，地下室天窗是半坡式的，和建筑有70厘米的高度差。设计师觉得这样会影响从室内看向花园的视线，业主非常认同，于是设计师决定把原本已做好的天窗拆掉，替换为现在的双侧弧形。

观澜湖高尔夫花园⋯⋯

项目地点：深圳市
花园面积：600 平方米
花园造价：200 万元
施工周期：3 个月
设计师：侯坚英
设计单位：溢柯花园设计事务所

花园是人与自然的连接，在一座令人满意的花园中，一石一水、一花一树、一廊一路都能给人一种"它们本该如此"的感觉，这也是对中国古典园林艺术"虽自人作，宛自天开"的最佳诠释。这是所有造园人及花园主人的理想，即使在实际操作过程中要面对诸多的困难，设计师也在一起努力着。

在设计师接手这座别墅花园时，其施工进程已至一半，随着花园的雏形完成，很多问题也一一显现出来。例如，

前院的影壁墙设置在院内的中心位置，但因为并未跟正门形成直视关系，造成了大门倾斜的视错觉；花园入口右侧有一个深坑未作处理，不但有碍观瞻，而且显得园路陡峭，视觉上有种"尚未开发"的感觉；泳池被随意横置在后院中，显得有些喧宾夺主；整座花园依山一侧的坡面较长，花园主人有意用景石来装点，不但造价奇高，且效果不佳，尤其是到了雨季，其安全性也令人担忧。

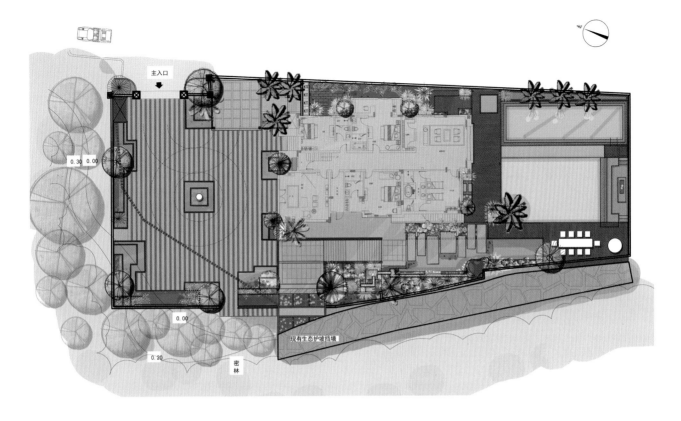

平面图

特色材质：芝麻灰荔枝面、汉白玉浮雕团花、芝麻黑（自然面、水洗面、光面）、海兰石条、仿铜铝合金方管拼花、广东太湖石、英石、菠萝格

特色植物：勒杜鹃、紫薇桩、黄花风铃木、蓝花楹、洋紫荆、荔枝、七里香、黄花马缨丹

北院

　　由于整个地块的东侧与西侧并非平行，大门与影壁墙也因此形成斜角，导致地面砖石形成的纵深线条在抵达大门后，会出现长短不一，端头有斜边的现象。为了解决这个问题，我们在门内用一块整石做出一个圆弧，并刻出莲花浮雕。这样处理巧妙地化解掉了客观因素的障碍，视觉效果上变得横平竖直，从大门外望向院内，更加整齐有序、饱满大气。

　　影壁墙上的圆形浮雕采用了荷花的图形，与大门内半圆踏步的浮雕相呼应。在色彩搭配上，也充分考虑到了影壁墙与周边环境、植物的协调统一效果，避免浮夸，力求淡雅悦目。

院内北侧设计师用一块整石雕出来梁柱压边，既平衡了院内构筑物的比重关系，又与花坛起到连接作用。梁柱上的图案与影壁墙顶部的图案遥相呼应，色泽质感也与南院花园的圆形拱门形成了对应关系。

北院中心地带空出一处正方形花坛，因为业主有收集的癖好，打算淘到合意的雕塑后放置在此处。

南院

穿过圆形拱门，进入花园南院。先用壅土回填花园楼梯右侧的深坑，再用景石、绿植打造出花境，连同几何图案的镜面水景，将到访者的视线引向花园深处。花境的自然曲线既缓解了原先沿阶行走时的临渊感，同时也有效弱化了花境与构筑物的对比，安全性和美观度一举两得。

在当时水景的基础部分成形时，业主夫妇担心水池过大，直到镜面水景、汀步一一到位后，方才放下心来。

池边的石蛙让这个狭长静谧的镜面水景多了一分生机和诙谐，每有观者临此，都会露出会心的微笑，这也是小朋友们的兴奋点："看！这有只青蛙！"

如今，这处的植物葱茏茂盛，使得水景区、廊架区与周边的坡地浑然一体，宛若天成。

临水汀步像一组白色琴键，铺陈在这池碧水之上，旁边花木扶疏、卧石嶙峋，其间明暗的对比、色调和线条的变化，都让这一处成为整座花园百看不厌的焦点。

凭借难得的好运气，设计团队在当地的料场淘到尺寸、造型完美的整块石料，将其放置在水景区的拐角处，让这一折角瞬间变得丰富自然起来，气质上也符合含蓄内敛的要求。

而沿坡一带，我们用了花岗岩做挡墙，挡墙顶部也做了排水暗沟的处理，在有效疏导雨季坡地流水的同时，也极具观赏性。沿坡种植了不少爬藤植物，美化坡面同时也能保持水土。

走过水景区的汀步，与之衔接的是木质甲板，我们来到了南院东侧的烧烤区，这是一处由廊架搭起的操作空间。

与烧烤区相邻的是院子南端的一个下沉式篝火台，从北边望过来，视线会被那一排绿篱阻挡，篝火台便"消失"了，整个远景构图的线条非常干净、简洁。在烧烤区料理好的美食可坐在这里享用，即使是秋冬傍晚，也可在此温酒煮茶、围炉夜话，别有一番滋味。

花园的南端临着山谷，沿坡而下都是乔木，采用玻璃围挡既不阻碍视觉，又有借景的用意。依坡而生的绿树也成为了园内一景，让南院被满目青翠包裹起来，人与自然又一次完美地融合在一起。

与篝火台相邻的是草坪和泳池，这里是孩子们开心玩耍的地方，也是大人们休闲放松的场地。

在泳池西侧围墙上也做了相应的变化处理。设计师放置了三个木格栅，图案、材质、色泽等设计元素都与北院影壁墙、南院拱门，以及西南侧户外茶歇区遥相呼应，这是设计中的"重复"原则。经测算，泳池原先的净化系统，功率不够使用，于是设计师更换了与之匹配的设备，保证了泳池的正常使用。

泳池靠近建筑的一端是由廊架构筑的一处私密空间，放置着业主喜爱的SPA池和罗汉床，既方便了沐浴更衣，又与对角线上的烧烤区廊架形成呼应关系。

在设计阶段，设计团队单就影壁墙顶部几何构图的尺寸、比例、造型，这一只供远观的细微处，便投入了将近一周的时间进行反复推敲、测算、比对；在施工阶段，主案设计师多次从上海飞赴深圳，与施工各方进行现场协调沟通，力求不打折扣地实现设计意图。

神造万物，大美无言。这处依山傍谷的花园，如何不着痕迹地与周边环境融为一体是整个设计的核心。设计师在所有细节上近乎偏执的精益求精，是让这个设计理念得以落实的保障。花园主人的高度信任和各方的积极配合，也让这个花园变得更加完美。

佘山高尔夫
湖景花园

项目位置：上海市
花园面积：3890 平方米
设计师：侯坚英
设计单位：上海市溢柯园艺有限公司

这座别墅位于梯形地块的腰部，地势高起的南边入口较窄，地势最低的北部是一片开阔地带。作为一座临湖别墅，北院的视线直抵港湾深处，拥有的近百米湖岸线，成为花园生活设计的焦点。

建筑入口所在的南院，原有的形制大气饱满，故而对构筑物和通道的改动较少。但植物的色彩过于单调，于是设计师在入户门两侧增添了两棵丛生紫薇，在东侧增添了一棵鸡爪槭，下面用红叶石楠做了过渡，于是整个南院的色彩瞬时明艳起来。

东侧入库车道旁、西侧园艺区步行甬道一侧，都缀以色相丰富的灌木或草花，色彩的层次和对比度均丰富起来。尤其是西侧这株樱花盛开时，云蒸霞蔚，落英缤纷，草坪上一派新妆，静美十足。

由东侧院沿阶而下，原是草坪和一片通向湖畔的密林。因为别墅和花园地处湖心岛，其空间的私密度具有天然的优势，故而无需利用层林遮挡，反倒需要让视觉更加开阔，让气流、光线更加通透。

于是，我们将原先杂乱种植着的樱花、桂花、无患子、黄山栾树、朴树、香樟等乔灌木移向东侧做界墙。台阶以东回土接出一段挡墙，并顺着东侧边界蜿蜒向北，做出一处弧形花坛。花坛将通道一分为二，里面种有一株老桩双干紫薇，一大一小两干扶摇直上，虬枝龙爪腾挪跌宕。下面配有三丛色泽、大小各异的灌木球衬托其姿态，再有茵茵草花打底，一处丰满的花境，正契合了"湖上相逢宴屡开，紫薇花下约同来"的诗境。

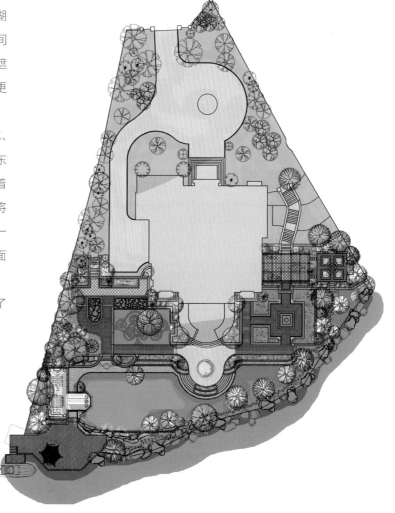

平面图

　　花坛西侧的魔纹花坛，像两行阡陌交错的乡间小路，也为喜爱园艺的家庭成员提供了去尝试各种色彩、层次、结构的园艺实验的空间。

　　这座 T 形阳光房的难点，在于和主建筑、草坪、湖岸之间的和谐关系。因为地处梯形地块的一侧，既要跟主建筑尽量保持视觉上的平行关系，又要和草坪形成正向，又要将湖岸风景尽收眼底。设计师在地块上放线反复审度多次，才找到满意的摆放角度，完成了这座构筑物的定位。

南来北往的嵌草石板汀步，被阳光房门廊串接起来，像一段延长线，将视线和脚步引向湖畔的亲水木质平台和小码头，不禁让人想起白居易的诗句"最爱湖东行不足，绿杨阴里白沙堤"。

整个北院的地势南高北低，湖岸线呈自然缓坡的角度入水，由于倾斜角度比较大，不利于花园活动。原先北院的中心水景，也因坡势倾角的关系，视觉上极不安全。所以，整个北院调整地势的土方量极大，设计师还是遵循了一贯的"土方实现场内平衡"原则。调整过后的坡势舒缓，视觉上平坦开阔多了，若不仔细观察，极难察觉坡地的角度。

　　顺着建筑北面的抄手回廊沿阶而下，设计师在两侧补植了两棵八棱海棠，组以两棵龙柏球，这种对称均衡的法式宫廷格局，让北院正面更显得巍峨端庄。在八棱海棠的新绿映衬下，建筑外立面也凸显得更加光洁，富有质感。

　　设计师保留了东侧那棵高大的乌桕，这种春夏可观枝叶舒朗，秋冬可赏红叶白果的树木，因其高大，即便在二三楼的室内，也可在万物萧索的冬日里得见"偶看柏树梢头白，疑是江海小着花"的窗景。

　　沿着湖岸线，我们筑起一条木栈道，既多出一条观景路线，也给视觉上营造出收束感，让整个院落浑然一体。栈道旁也用花境收边，观赏湖景之余，也可感触花草的生命。

　　建筑西北角的原设计是玫瑰园，后因室内改为和风茶室，并改门为窗，所以设计师在这窗外一角借用了日式庭院的元素，构建了一处流泉，下置锦鲤池。因整座花园体量大，这处小小的禅机并不冲突整体调性，倒是一个有趣的插曲。

　　建筑西侧是倚坡而建的石阶，南通建筑正门。栏外，植物的色差和层次单一，我们补植了日本早樱、晚樱、橘树，营造出石径穿林的效果。石阶北端尽头，原是一处三角形平地，利用率不高。于是我们将挡墙位置调整、回填土方，使地块呈规整的长方形。设计师在此处做了一个大型的廊架，遮蔽建筑西侧出口的人行路线，形成一个巨大的花园客厅。并在廊柱旁配植紫藤，待它攀缠在廊架上时，正应了李白"紫藤挂云木，花蔓宜阳春。密叶隐歌鸟，香风流美人"的画面。

廊架花厅以西，是可供蔬菜花果生长的四块菜畦，另设了一座户外操作台，可供清洗采摘的菜蔬。与花厅正对的是一方花圃，小鸟造型的白色花樽被四块场地包围着。

西北角是木栈道的尽头，下方用梁柱支撑，伸出一座半圆平台临于湖上，用于纳凉赏景。另有一间鸡舍，旁植橘树、水蜜桃、枇杷、山楂、番石榴等果树，或银杏、无患子、香樟、桂花、无花果、广玉兰等乔木，一派范石湖的稻香田舍风味。

若单为致敬自然，花园总不及山野间随处一片林间溪地之万一，其并非草木的堆砌，可贵处在于人与自然的和谐统一，一饮一食，举目投足，行起坐卧，与周边的林木泉石皆不背离，才是好花园。

湖畔佳苑 ·······················

项目地点：上海市
花园面积：700 平方米
设计风格：简约美式
设计师：Mark Zhu
设计单位：东町造园

花园的业主居住在湖畔佳苑，它坐落于成熟高档的资深别墅圈内——沪青平公路。别墅沿袭了西方建筑的简洁与东方建筑的神韵，在极为内敛的表现中尽情展露独有的高雅意境。

业主夫妇骨子里透露出的浪漫情怀，令设计师对"家庭与花园"有了更深刻的认识和更浓厚的情愫。经过观察与交流，设计师最终为业主确定了一套浪漫甜蜜的简约美式风格的花园。

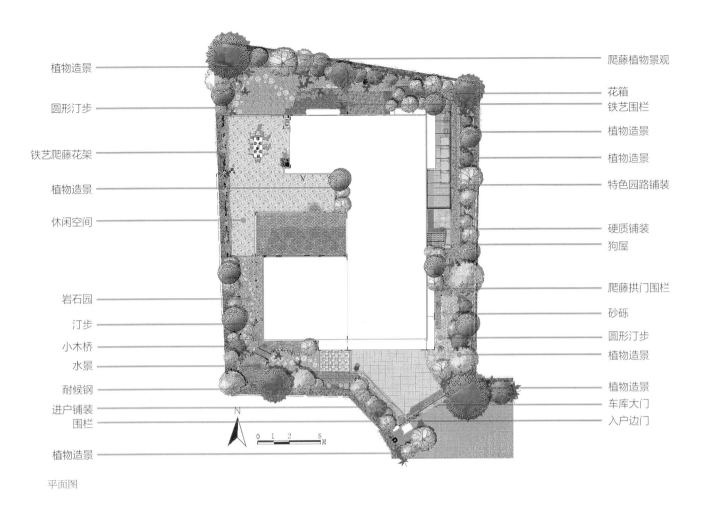

植物造景 ——————————— 爬藤植物景观

圆形汀步 ——————————— 花箱
                          铁艺围栏

铁艺爬藤花架 ——————————— 植物造景

植物造景 ——————————— 植物造景

休闲空间 ——————————— 特色园路铺装

                          硬质铺装
                          狗屋

岩石园 ——————————— 爬藤拱门围栏

汀步 ——————————— 砂砾

小木桥 ——————————— 圆形汀步

水景 ——————————— 植物造景

耐候钢 ——————————— 植物造景

进户铺装 ——————————— 车库大门
围栏 ——————————— 入户边门

N

0 1 2   5
———————— M

植物造景

平面图

入口处原有的大盆栽缺乏美感，地面的垃圾难以清理，房屋建筑将花园分成狭小细长的两部分，面对这些问题，设计师提出了一套优质的改造方案。

设计师认为，简约美式是自由、活泼的，自然景观会是其设计表达的一个重要部分，通过溪流、草地、灌木等元素的加入，可以营造出热情且充满活力的花园氛围。

蒲公英图案的耐候钢板，搭配圆形灯，为花园的入户空间增添了温馨、浪漫的气氛。沿着小路向前走，黄锈石汀步搭配青青草坪，在镜头下显得异常可爱。石头堆砌的假山水景上的蓝色小桥，个性又时尚。走过小桥，便是细小的黄金砂砾搭配圆形的硬质石板，周围配置植物与置石，营造出枯山水的效果。

小路的一个尽头是一个灰色小木门，另一边则采用树叶图案的铁艺围栏，配上红枫，体现了浓浓的清新美式风格。

落地窗边的水池是紧贴着墙面的，这次水池设计是一大亮点。白色建筑搭配蓝色泳池，清爽大气。搭配天蓝色爬藤架，提升了整个空间的格调。

主要建材：耐候钢、灯光背景墙、木围栏、花岗岩、黄金沙

主要植物：爬藤月季、鸢尾、大叶吴风草、橘子树、龙舌兰、红枫

伊斐墅 ···

项目地点：上海市浦东新区
花园面积：295 平方米
设计师：Mark Zhu
设计单位：东町造园

本项目的建筑、室内都属于欧式风格，这种非常流行的风格提倡突破传统、创造革新；重视功能和空间组织；注重发挥结构成分本身的形式美。花园采用的是现代美式风格，代表了一种自在、随意、不羁的生活方式，没有太多造作的修饰和约束，在不经意中成就一种休闲式的浪漫。美式庭院既显得有文化感、高贵感，同时还不缺自在感和情调，这也是一种对生活的需求。

东面区域：在此区域中有两扇门均可出入庭院，所以设计平台进行停留。平台与采光井相临，所以用低矮草本植物，例如迷迭香等，对采光井进行弱化。由于建筑此处为起居室，故而在正对窗户的位置增加景观，并将狗屋设置在此处，将周围植物进行搭配，保证了整体性和景观性。

出户区域：原始状态下的入户区域景观性较差，植物缺乏层次性，私密性也较差。于是设计师种植了不同层次的植物进行遮挡，设置下沉区域进行休息娱乐。

花园区域：设置下沉平台，并在其左侧设置自然的水景，使整个花园增加灵动感，并在水景后侧的围栏上种植爬藤以增强景观性。花园内使用天然的材料结合平台与书屋，提供一个大人和孩子们的共同活动空间。

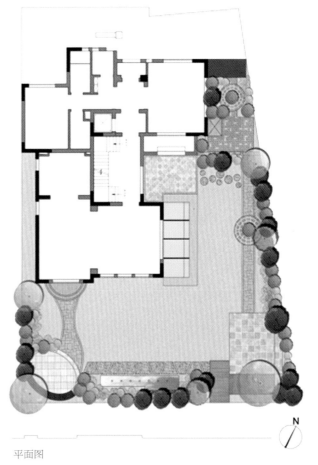

平面图

万方江南森林别墅 |

这是一个改造案例，花园东面和南面的空间较大，西面和北面则较小，业主希望在保留原有鱼池和廊架的基础上增加一些景观。

花园整体以自然风格为主，日式小景点缀其中。建筑北面为停车区域，车库东侧留有一扇金属和木质相结合的半通透小门，透过小门可以隐约看到园内的美景。花园东侧点缀着高低错落的石头，与起伏的地形和周围的植物小品融为一体，让人感觉静谧而美好。

南侧花园为主要休闲活动区，西边靠马路一侧有一扇花园主门，门上有顶，院里的迎客罗汉松和院外的映山红遥相呼应，仿佛是在欢迎回家的主人和前来到访的好友。门前的木平台为主要活动区域，鱼池紧邻平台，以流水景墙为背景，镂空锈板加以点缀，让人能够静下心来在此停留小憩。水池的西面为原有廊架，架体爬满了油麻藤，为业主在盛夏中带来一丝阴凉。廊架前面是一块开阔的草坪，角落处配以置石和植物增加空间私密性。因业主喜欢养多肉，所以我们在贴近房子的一侧做了一处多肉小花园。西侧花园是一个狭长的空间，在路旁规划了几块小菜园，增添了几分田园之趣。走过菜园来到北面后院，置石、地形、植物、砂石应有尽有，高低错落有致。

项目地点：昆山市
花园面积：580 平方米
设计师：张领
摄影：刘岳
设计 / 施工单位：上海庭下景观设计

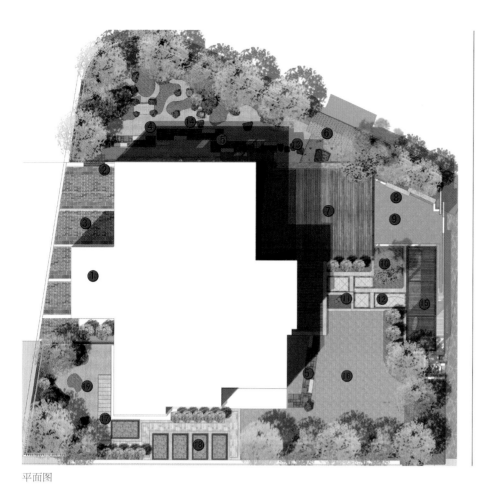

1 大门入口
2 院门
3 车库前铺装
4 日式枯山水
5 日式园路
6 门头
7 木平台
8 原有景墙
9 原有鱼池
10 造型盆景
11 六方石水景
12 下沉平台
13 汀步
14 净手钵
15 原有廊架
16 阳光草坪
17 特色园路
18 菜地
19 日式小景

N

平面图

万方江南森林别墅 II

项目地点：昆山市
花园面积：800 平方米
设计师：张领
摄影师：刘岳
设计 / 施工单位：上海庭下景观设计

别墅的业主胡先生是一位性格爽朗且非常亲和的人。在第一次见面的当天，设计师就被邀请去别墅参观，当时这个院子已经做到一半，硬质小品和绿化都已接近尾声，但他觉得不是自己想要的感觉，希望设计师帮他提提意见。

看完现场后，设计师并没有直接评价好坏，但发表了两点意见。第一，在原有基础上做适当的调整，效果会有所提升，但肯定无法达到令业主满意的效果。第二，如果下定决心，所有硬质都要拆除重做，部分绿化可以移植，但仍需重新布置。胡先生听后没有过多犹豫，便让设计师重新规划一个满意的方案，并表示即使花费昂贵，也要做出一个完美的花园。

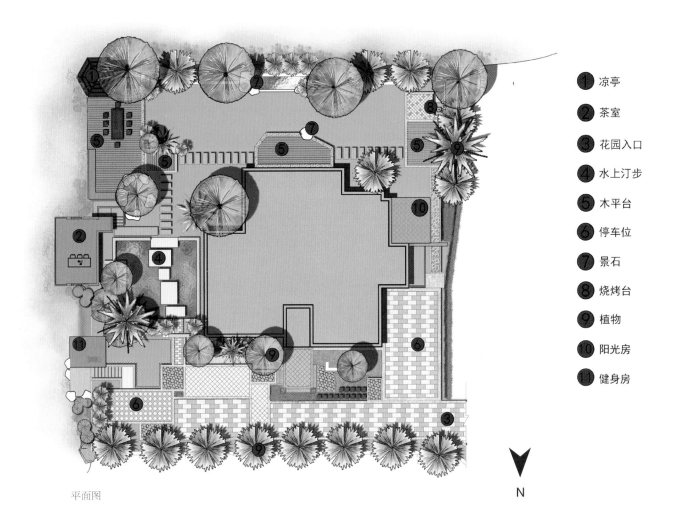

1 凉亭
2 茶室
3 花园入口
4 水上汀步
5 木平台
6 停车位
7 景石
8 烧烤台
9 植物
10 阳光房
11 健身房

平面图

N

庭院东边临河，河面宽 20 米，对岸是森林公园——一个天然的氧吧，于是设计师把整个花园的重心放在东面的营造工作上。北面是别墅建筑的入口，业主需要停 3 ~ 4 辆车，但这里是一块 8 米宽，30 多米长的狭长区域，一方面要满足停车的需求，另一方面又不能影响主入口的景观品质，所以在设计上有些难度。

若要保证停车的功能，便要在门前留有一定宽度的绿化空间。将车道与景观分离，绿化藏于入户口，便可保证景观的品质。于是设计师设计了车行和人行两个入口，并用罗汉松篱将两条路径分离开来，主入户门口做绿化与景石小品搭配，使门前景观更具丰富性。为了把入户门口往后压缩，特意在门口的角落种植了一颗斜杆式的樱桃压低在门前，这样就压深了入户门，又加强了室内观赏性。设计师沿房子做地形抬高，凸显出整体的层次感，营造出自然的日式庭院。

　　为了南北两院的相对独立，设计师设计了中门，走过中门映入眼帘的是一面沿房，一面临墙的现代锦鲤池，水中汀步更加深了水景视觉效果。走过水池，左面临河，于是便设计了一个 40 多平方米的休闲平台和赏樱亭，亭子对面的墙角布置了一棵超大的染井吉野樱，人们可在亭中品茗赏花。

　　正南院整齐的草地使整个南院更加开阔、大气。庭院的西侧离室内厨房较近，有一处与盆景相结合的就餐平台，可以供业主和朋友喝喝下午茶，吃吃晚餐。

　　在庭院内还藏有一座临水的茶室和一处健身房，不仔细寻觅还真难以发现，茶室是供男业主招呼朋友的最佳场所，大面玻璃临水，景色无边。健身房是女业主练习瑜伽的修心之地。

　　整个庭园的设计布局大致如此，最后要感谢胡先生精心照顾，把庭园打理的更具风味，他为花园增加了一些点景小品，更凸显出了业主品位。

丽嘉花园 ·····················

该项目为独栋花园别墅，东侧入院，南侧有较大空间，西侧空间较窄。业主一家对花园有着浓厚的兴趣，他们期待未来能有美好的花园生活，既能够和家人、朋友们在院子里烧烤，也能坐在一起聊天放松。同时，他们也提出建造阳光房的需求，将建筑空间延伸入庭院。此外，业主一家希望院子有一定私密性，尽可能保留原有的树木，并设置一处菜园。

在明确了业主一家对花园的需求之后，设计师根据场地现有条件进行了前期设计分析。首先，东西两侧院相对较窄，都设有建筑采光井以及室内设备的外置机箱。西侧最窄，仅能作为检修通道使用。东侧相对宽一些，但是有较大的空调设备，因此在设计中顺势打造了设备间，一方面保障机箱的使用，一方面也提供了收纳户外工具的区域，同时也能更好地将这一区域和谐融入花园之中。南侧是最为开敞的空间，设计要满足阳光房以及户外休闲就餐的功能，同时也要保留原有的树木，与西侧空间的衔接也是设计考虑的重点。

基于以上设计思考，设计师最终打造出了一个自然简洁、恬淡舒适、极具生活气息的院子。

项目地点：北京市
花园面积：320 平方米
花园造价：50 万元
设计师：冀静
设计 / 施工单位：北京集景云成园林工程有限公司

平面图

→入口

木屋

采光井

采光井

房体

采光井

图例	名称	单位	数量
⊙	原有树	株	8
✿	绣球	株	5
❁	红枫	株	1
❀	暴马丁香	株	1
✾	黄杨篱	m	9
❋	福禄考	丛	6
✲	滨菊	丛	7
✵	美女樱	丛	6
✺	接骨木	株	1
❂	金银木	株	1
✻	珍珠梅	株	2
❃	黄杨球	株	4
❄	罗汉竹	株	168
❁	锦带球	株	2
✳	玉簪	盆	18
✹	大花萱草	盆	19

N ◀

首先，设计师为保证花园的私密性，配合整个院子的质感，设置了火山岩的围墙和木质围栏，将这个生机盎然的花园"包裹"了起来。花园入口位于东侧，配合整个院子的自然氛围设计了铁艺蝴蝶院门，翩翩起舞的蝴蝶，若隐若现的空间，让人不禁好奇住在这里的是怎样的人，过着怎样的生活。轻轻推开院门，踏入院子，就可以展开一段感受自然、感受生活的游园旅程。

入院右侧是打造精致的小木屋，左侧是垂挂着花卉的木质围栏，视线尽头是俯卧在绿植中的白色小鹿，吸引着到访者一直朝它走去。在行走的过程中，还可以发现有一个小小的菜园隐匿在路边。一个花园会因人的参与才富有活力，一个庭院也会因小小的菜园，更具生活气息。无论房子的大小，无论业主的贫富，一方菜园，永远能给人以家的亲近感。

穿过光影变幻的木质廊架继续前行，眼前是一片开阔的自然空间。曲线的活动空间极具韵律感，中间的一株艳丽的丛生丁香宛若在蜿蜒水流中挺立着的小岛，点亮了整个空间，让人不禁驻足于此。

丁香树下、花草丛中，或站立或俯卧的是洁白的小鹿雕塑，整个空间的氛围因它们的存在而活跃了起来，倒像是我们无意中闯入了它们的小天地。

围着树岛兜兜转转，感受自然的色彩和芬芳，依依不舍地向休闲空间走去，这时会发现，自然虽美，但若再加上人类的参与互动，才更符合我们对私家花园的期待。

从建筑延伸出来的位置依业主的意愿建造了阳光房，建造样式仿照了原建筑，完美融入到了建筑庭院中，仿佛一开始便设立在这里。在此次拍摄间隙和业主的聊天中，设计师了解到，这个阳光房是他们一家人每天待的时间最长的地方，他们享受这个更接近自然天地的空间。每逢周末闲暇，业主一家会"窝"在这里一整个下午，感受慵懒的阳光，享受一家人的温馨。男主人会在这里喝喝茶，看看书，女主人则会和孩子在环形座椅上享受亲子时光。

阳光房外是休闲区域，设计中没有做过多的构造，反而是选用了成品的户外家具，使得空间的功能更加灵活。靠近西侧建造了较大的料理台，户外烧烤非常方便。在天地间烹饪，

似乎融入了天地精华，大家聚在一起享受美食，一切都那么美好。

走进花园西侧，这段游园之旅渐渐进入了尾声。错层的金属格栅制成的隔断，隐隐透露出后方一尊景石。景石之后实际上是一段检修通道，设计师通过这样的手法，婉转地划分了空间，检修通道也因此被优雅地隐匿起来。

檀宫一号 ·······················

项目地点：上海市
花园面积：1000 平方米
设计师：贺庆
设计公司：上海沙纳景观设计有限公司

檀宫别墅作为上海的高端住宅区，建筑华丽、环境优良，自有着一派雍容华贵的大气。要想与建筑相配，花园自然也不能小家子气，因此设计时需要考虑到与建筑的协调性，以精致、大气和华美为主。

此次花园的设计和改造从两方面出发，第一是植物配植的选择与栽植，第二是因地制宜的保留与搭配。

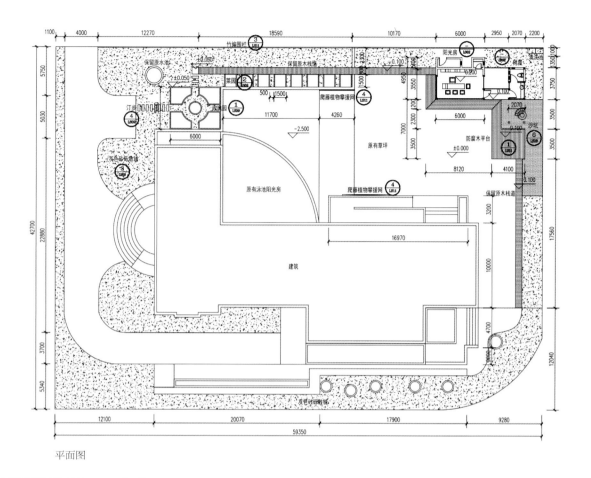

平面图

由于花园里原先的植物长势并不理想，加之院落里大树较多，遮挡住花园里很大一部分光线。而园内的低矮植物也因不适合在阴暗处栽植，影响了生长状态，故而未达到期望的花园景观。所谓"工欲善其事，必先利其器"，要在根本上改变花园面貌，使其焕然一新，植物的选择就尤为重要。我们选用了半耐阴紫鹃、大丛绣球、栀子花等树立独景，或成丛种植成景，即使在光线较为不足的环境下，这些半耐阴植物也能长势很好。与大树搭配，高低层次错落，同时丰富空间。

利用大树的优势，在大树的基础上搭建了小木屋，木屋内更是精心配制了卫生间、洗手台和休息的地方。下方有滑梯、沙坑、秋千等儿童娱乐设施，还设有攀爬区和篮球场，孩子的欢乐声可带动起整座花园的热闹氛围。

前院选用一棵造型优美的大树作为主景，修剪出造型的紫鹃成群种植，再搭配景石，铺上米色砂砾，使得前院通透敞亮，造型独树一帜。砂砾和紫鹃在后期维护上较为方便，使其更能保持美观的景观效果。

侧院也用整洁干净的砂砾作基底，选择性保留一些原有的小花卉，种植半耐阴绣球、蕨类植物来点缀空间，丰富花园色泽，并且精心选用一些高低错落的棒棒糖植物搭配种植，有趣生动且造型感丰富。

考虑到实际的施工情况，为了减少工程损耗，我们选择性地保留一部分硬质铺装，尽可能减少改动，避免施工给业主带来不便。

莫奈花园 ·······························

项目地点：上海市
花园面积：300 平方米
设计师：贺庆
设计单位：上海沙纳景观设计有限公司

这座花园临近河道，周边是绿意盎然的绿色大环境，本色的自然让设计师一踏进花园便确定了此次花园设计的基调：花园出自自然，最终回归自然。

原始状态的花园有三个区域是设计师的首要关注点。

第一，中央的圆形坐凳，被杂草包围，花园仿佛被破开，少了些许完整性，且大面积的圆形形状与规整的花园形态较难融合，基调不同便有所牵强，所以首要移除的就是这个坐凳，还原花园的完整与通透。

第二，从后院到花园的廊架，开始被藤蔓包围，形态不太能够分辨出，隐约知道是个廊架，却看不出轮廓与款式，只能作为一个构筑体来看。在开放式的花园入口处设计通道廊架可以营造曲径通幽的感受，所以构筑体可以选择保留，但在款式上增添些设计感。

第三，在寸金寸土的上海，花园还能够附带一个亲水平台是非常难能可贵的，所以千万不能让这个水上亲水平台荒废，好好利用的话，便是花园的一个升华，也刚好符合设计师"归于自然"的造园主题了。

透析了这三点需要解决的重点问题，便可开始展开完整的设计了。

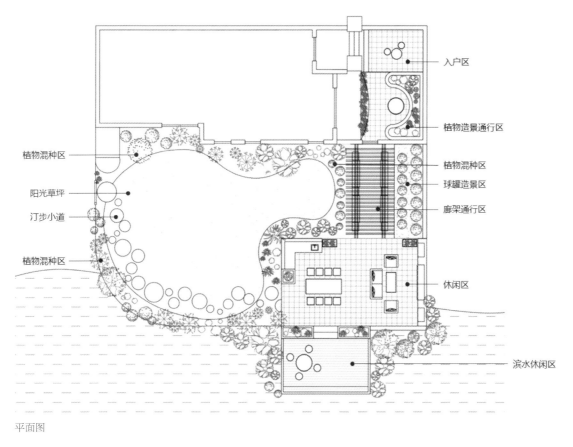

植物混种区

植物造景通行区

植物混种区

植物混种区
球罐造景区
廊架通行区

阳光草坪

汀步小道

植物混种区

入户区

休闲区

滨水休闲区

平面图

从建筑后门走出，是一块小小的内院，可以借由这块区域，设计一处小巧的休闲区。

如果说外院是开阔的"自然大厅"，内院则是静雅的"别致小栖"。

走过一个小门，后花园呈现在视野中，但这里并非是想象中的一个开阔的区域，而是两排烟灰色的廊架，藤蔓植物攀藤而上。设计师一方面考虑到，到访者从内院来到外院，一眼看到头则过于通透，这样的设计加强了花园的神秘感与私密性；另一方面，层层递进的景观视觉效果，加大了花园的观赏性，沿着廊架慢慢走来，园中人便被带入到一个新的景观世界。

经过设计师埋下的"伏笔"——廊架，终于瞧见了视野开阔的大花园，最先看到的是设计师精心规划的休闲区域。设计师希望将休闲区的区域规划最大化，将使用功能全部聚集在这里，既不零碎又实用方便。这里有转角的操作台，平日里聚会、烹饪、烧烤都可以满足，下方的储物空间更是可以满足户外用品的归纳，保持花园的干净整洁。靠近绿篱的边缘设计了装饰壁炉，能够在立面上对花园进行围挡，又不会显得刻意。

垂柳下藏着一处临河的亲水平台，从园内看是一处小小的幽静之地，而当坐在平台上时，眼前则是宽阔、流淌着的河流。平台地面与栏杆则设计成和廊架一样的款式和颜色，使得花园的每一处在独立中带着联系，增加了花园的延续性。

沿边的曲线形植物设计更是吻合"归于自然"的理念，以造型别致的塔状、柱形、球形植物为主干，三五成组，富有仪式感。在周边搭配高低的自然植物，层次多样性成为这个花园景观的一大亮点。为了提高花园的实用性，在草坪边缘还设计了大大小小的圆形汀步，而因为花园整个格局相对规整，在地面用一些小小的圆形做点缀，也可适当柔化规整。

晋园别墅 ·····················

这栋别墅坐落于苏州金鸡湖畔，紧邻金鸡湖滨绿化，环境优美，建筑品质尤佳，因此别墅花园的景观就更要讲求与周遭环境的接轨与协调。基于这样优质的地段环境，业主希望自己的花园能够被很好地设计利用。

原设计在入门左侧种植了一棵对节白蜡，正好在顶门的位置，不仅压抑，而且影响植物的生长，为发挥出最佳的景观效果，经过反复比较和讨论，设计师最终将其安排在别墅左侧落地门窗的对接位置。这里意境浓厚，无论在室内哪个角度都能看到这棵品相不错的对节白蜡。这是设计师的第一个手法——"做大"。

花园内的植物种植得十分讲究，讲求"前榉后朴"，即前院种植榉树，后院种植朴树，二者交相辉映。还有一棵非常珍贵的紫薇，它的树形自然、舒展，丝毫看不出人工修剪过的痕迹。寓意着"紫气东来"，是吉祥的征兆。

项目地点：苏州市
花园面积：1000 平方米
设计师：贺庆
设计 / 施工单位：上海沙纳景观设计有限公司

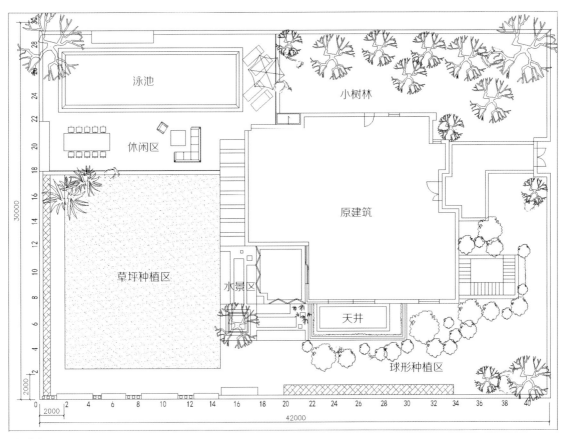

平面图

沿左边的园路行进，随着脚步的逐渐深入，满目娇艳欲滴的植物像一个个自然的小精灵，牵引着游园者的视线。整座花园的设计讲求"收放自如"，作为前院和后院的衔接处，这片空间不适合作为休闲区，但又必须有所设计，才能吸引游园者不断去探索花园的美景。于是，设计师在这里种植了丰富的植物，左边曲线种植的柔软线条打破规整的格局，给人以温柔相待；右边则是法式庄园的球形棒棒糖植物，高低错落的种植，俏皮有趣，造型感强。从室内望出来，也是满目绿意，生动且优美。

走过这片郁郁葱葱，映入眼帘的是一片开阔的大草坪，像是一个天然的背景，与天空相媲，与景色相容，一览无余。这是设计师的第二个手法——"放"。

宽广的草坪，蔚蓝的天空，让花园显出一派清新与阔气。沿边设计的不是单调的木质围墙或者僵硬的铁艺，而是绿篱与木栅栏结合的植物围墙，既能有效地划分开花园与外界，又不会过于压抑，像是自然形成的一样。

入户周围的景观不仅可以装点花园景观，还能加强整座别墅的轮廓，使其外立面的表现更加丰富。从室内看出去，高大的落地门成就了一幅幅框景，将花园变成了一幅幅优美的画作。

水上汀步的变化感和代入感很强，漫步于汀步之上，水体在四周流动，小鱼在加下畅游，仿佛主人就身在小桥流水之中。为了使水体保持洁净和澄澈，设计师设置了过滤和循环系统，也加强了排水系统，使得水体源源不断地循环着。

考虑到采光的问题，设计师保留了汀步下的天井，使用玻璃代替水泥铺装，在保证安全的基础上将间距尽量多留些位置，让花园阳光能够透过汀步缝隙照射到地下室。而从地下室往上看来，不仅有柔和的阳光，还有小鱼在头顶游来游去，充满趣味性和灵动感。

随着汀步的指引，便来到花园里最具实用功能的区域。这里直面别墅，非常适合业主进行户外活动，所以与草坪衔接的便是这块集户外客厅、餐厅、壁炉、泳池为一体的休闲区域。

孩子们可以在草坪上踢球玩耍，这里的草质较为柔软，避免孩子们摔倒碰伤；草坪与休闲区相连，孩子们一直活动在家长的视线范围内，大人们也可安心享受美化的花园时光。

泳池边的棕榈组成棕榈种植岛，使花园充满浓浓的亚热带风情，考虑到大自然的光影美，设计师找好角度，使得最终设计出的景观能够达到光影的效果，营造出深邃和扑朔迷离的质感。

枫树红透，在水中的颜色依旧热情四射、风情不减。池水的另一角将别墅建筑投射到水中，立体而大气，彰显别墅的气质和优雅。

因天井过多，占用了花园面积，这是整座别墅在构筑方面存在的一个问题。为了增加花园面积，设计师采用了第三个手法——"选择性保留"。前文曾提到过，设计师对汀步下的天井选择了保留，而侧院的天井就选择了去除。设计师将这里做成充满韵味的小树林，与休闲区衔接，协调且柔和，毫无违和感。

用自然的灰色沙砾代替铺装，这个手法在整个花园都有所运用，除去休闲区的天籁珍珠石材外，其他的园路均为这样自然的灰色沙砾，一方面更贴近自然，给人以亲切舒适感，弱化花园铺装的单调，并且有助于花园排水。

小树林的设计在功能作用上，一方面为了保护户主的隐私，遮挡外界的视线，给户主足够的私人空间享受花园；另一方面因为位于西北面，常会有强风，小树林的设计可以减弱风力，使花园不至于太冷。

夏都花园 ......

项目地点：上海市
花园面积：200平方米
设计师：贺庆
设计单位：上海沙纳景观设计有限
公司

所谓"大繁至简""大道无痕"，在这个简约到极致的花园中，你所能看到的只有一片绿草如茵。没有复杂的构筑物，没有过多坠饰的材料，甚至没有多少开花植物。几块耐候钢板、一片无垠的草坪、一圈水泥围栏，再加上些许熹微的灯光便是设计的全部了。

虽然运用的元素不多，但在设计上的心思却丝毫没少花费。设计师意在表达一种干净利落的生活情调，当设身于此，可以感受着简洁明了的布局；绿草茵茵的草地，至真至纯，开阔身心，通过自然的深邃意境让心灵得到放松和舒展。

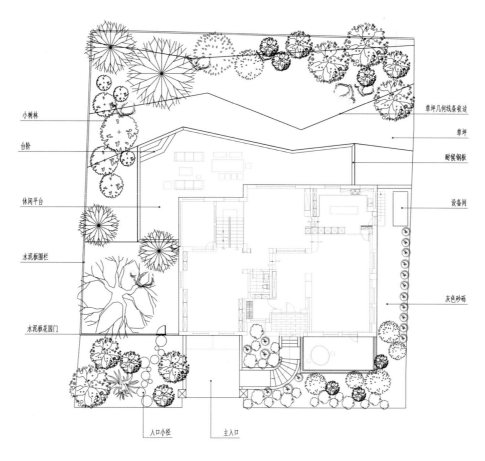

小树林

台阶

休闲平台

水泥板围栏

水泥板花园门

草坪几何线条收边

草坪

耐候钢板

设备间

灰色砂砾

入口小径

主入口

平面图

在住宅前门入户处密植桂花树，形成密实的植物隔离带，隔绝了两旁紧邻住宅车行道上嘈杂的声响，让花园中保持宁静，使别墅成为一个隔绝尘嚣的世外桃源。

门后的花园是另一番天地，脚底下草坪柔软的质感让人禁不住发出舒适的喟叹；极度简约的花园布局、线条收边没有一丝拖沓；花园的边缘，原色水泥板列阵分布，将花园合围，与外界分隔；周围种植树荫浓密的乔木组成小小的丛林，当阳光照在水泥板上总会投下窸窸窣窣的光斑树影，随着微风的拂动，小小的光斑逗趣一样扑簌簌地变幻着位置。

虽说园中无花，并不是真正的完全无花，只在乔木的选择上稍加调整，局部零散地种植几株开花植物作为点缀，恰到好处地添一些装点。面对这样一个纯粹的花园，久而久之人的心境也会变得开阔明朗起来。

草坪的设计借助原有高差塑造几何地形，利用耐候钢板强度大、韧性强而质薄、可塑性强的特性对种植空间进行非常清晰准确的收线分割，使整块种植场地的线条简洁明快，同时充满了力量感。耐候钢板的锈红色，在色彩明度和饱和度上比一般的构筑物材料要高，与大面积绿色草坪恰好形成鲜明对比。两种材料在粗糙与细腻、冷与暖、软与硬的对比结合中，凝聚成了丰富的设计感。

玲珑屿花园 ·················

项目地点：成都市

花园面积：160 平方米

花园造价：52 万元

设计师：李若水、李俊

设计施工单位：成都绿豪大自然园林绿化有限公司

这是位于成都天府新区麓湖的庭院项目，场地靠近天府大道南段，邻近科学城、天府公园和麓镇。场地相当狭窄，且覆盖着一些林木，一条人工湖从后花园穿过，周围是私人住宅和公园。

这座庭院的设计主要体现在直线与曲线元素的变幻运用。入户的气泡景墙，用圆做气泡，用直线收形。下花园的太子椅，以及岛屿上的海螺造型，都是曲线与直线的相互运用。两种元素就像客户与设计师一样，相互欣赏，相互信任。

人文情怀

客户是位年轻的业主，8年前曾找设计师设计并施工了一套别墅花园，8年后业主来到麓湖，再一次找到同样的设计团队做这个项目。相互的信任，最终让双方有了美好的结晶。

材质运用

由于在麓湖已经有很多类似的花园，几乎是如出一辙的追求自然美，但设计师想做出改变，使其更好融入周边氛围。灰系花岗石是实现目标的最佳选择，它们是玲珑屿花园的主要材料之一，且可以用于不同的方式。采用黑白灰色系铺装，能延展地面空间，使狭小的空间得到释放。另用大理石做椅子，与洗米石无缝对接，不同年龄的人会找到不同感受。黑白灰元素的应用，建筑与花园的融合，直线与传统材料的对比，是这个项目的主要设计原则。

光的运用

　　物理光：采用线型光源和面型光源，灯具用尽量隐藏的原则，在满足基础照明的情况下，加入了氛围灯光、气质灯光、驱蚊灯等。这让花园的夜晚也同样精彩亮丽，并给业主带来不同季节的温暖与体贴。

　　自然光：根据日照位置种植高大乔木，让业主白天可以在光影中漫步与休憩。

植物气质

　　植物以常绿为主，点缀亮色草类。为了凸显建筑气质，在植物配置上选择了龙血树、日本墨竹等植物，既显花园干净大气，又便于后期养护。无论在室内还是室外看，花园与环境，植物与建筑都是和谐相融的。

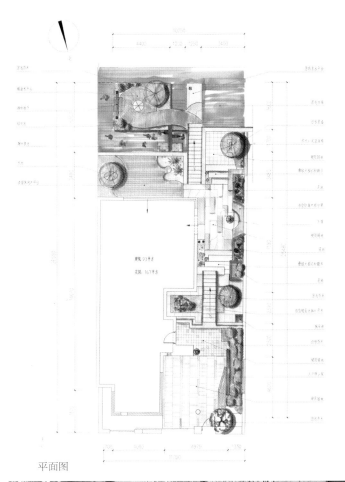

平面图

西郊花园

项目地点：苏州市
花园面积：500 平方米
花园造价：150 万元
主案设计师：张斌
设计 / 施工单位：苏州廷尚景观工程有限公司

"静观万物长生道，坐等花开几落时"，在喧嚣的城市之中，主人寻求一席静谧之地，虽不张扬但有内涵，既宁静却又包含四季的动态变化。在茶亭之中打坐，万物皆在眼中，树枝沙沙，溪水长流，蝉鸣鸟叫，花儿窃语，安静又富有动态。

"庭院深深深几许"，这种幽深，宁静致远。环游院落，仿佛置身于自然之中，远离尘世，独享一方天地。从北院小景到侧院中门，再到南院的豁然开朗，此起彼伏，悠远又欢乐。砾石、山石、苔地、溪流间巧妙衔接，将整个院落融为一体。砾石的曲线代表大川、海洋，山石寓意大山、岛屿，苔地则展现自然的原始生态。此景源于山水庭院，又摆脱了诗情画意，虽走向幽寂，但又能处处体现人与自然的和谐。

门庭外的黑松飘然而出，配合围墙砖瓦、木质门头，未进院落便能感觉到日式禅意的浓厚气息，也体现了主人对于庭院的品位。茶亭中可观庭院全景，近处坡地砂石跌宕起伏，绿意盎然，白砂幽静，远处山溪流畅。置身亭中，处于院子制高点，放眼院景，远山近水，鱼儿在脚底游玩，水池和半亭结合巧妙，使得空间利用最大化。西侧砾石无尽延伸，寓意溪水源远流长，无穷无尽，置身其中，可沉思，可冥想，悟出人生真理。滴水小品与石灯组合成景，增添了庭院的趣味性，增加了庭院的动感。

因地制宜，移步异景，设计师巧妙结合中式庭院的设计手法和日式禅文化，让此庭院多了一分内涵和文化。

平面图

简·意园居 ·················

项目地址：上海市
花园面积：220 平方米
设计风格：现代简约
设计师：张健、伍琨
设计单位：苑筑景观（One Garden）

花园的业主是一对年轻且务实的夫妻，他们希望花园不仅要具有简约时尚感，还能具有功能与实用性，在构筑物和形式上要能与建筑外立面相协调，让建筑融于花园。

在沟通和勘察完现场后，我们了解了建筑的形式风格、空间关系，以及周边环境的优弊。确立以简约的大线条与镶嵌体块来做设计布局，通过材质体量、形式、质感来划分和引导空间的使用，再结合各空间的区域条件和使用做细致的分析和设计，用温馨的灯光烘托出花园不一样的气质。

不居繁，不争艳，简约于形，惬意于心，于简意园居中回归生活的本质，是这座花园的设计理念。

整座花园面积为 220 平方米，结合花园的整体情况，设计师将花园空间分为三个层次，一层北院停车位空间；二层东院过道入户空间；三层南院私密休闲花园空间。

整座花园各层次空间相互独立又相互咬合衔接，风格上尊重建筑的立面形式与元素，材质上注重简约干净，在细节精致与质感粗犷中做自然调和，结合灯光的设计布置，可以营造出温馨的氛围烘托空间，呈现给业主和客人良好的花园体验和时尚的视觉感官。

北院停车位大面积使用清水泥打磨刷漆和石粒散铺，为避免单调，加入线条镶嵌，黑色砾石与灯光形成停车场的轮廓，右边作为停车位花园小品，发光兔凳组合盆栽的布置，多了些许律动和绿意，铝合金格栅屏风，保证了其私密性与层次感。

东院过道入户区铺装的形式是以竖向的芝麻白芝麻灰花岗岩镶嵌调色和清水泥与石粒镶嵌方式衔接，竖向铺贴的花岗岩能加强空间的纵深感，起到引导动线的作用，跳色镶嵌芝麻灰让地面铺装更有律动感，入院门后衔接的清水泥，以干净的线条嵌石粒划分，为园路带来变化。

平面图

设计师在视线尽头设置耐候钢板屏风，在分割空间的同时，避免了视线的单调，丰富了景观效果，耐候感自然锈蚀的粗犷风格增加了花园的细节质感。

南院私密花园空间，设计师保留了出户原有的铺装，衔接新建木平台与台阶消化了原有铺装平台的高差，同时结合建筑外立面的整体风格及考量了多方的因素之后，增加了与建筑相协调的雨棚，为客厅玻璃门提供避雨保护。

南花园主要需要设计解决的问题是让花园与邻居院子分割，保证其私密性的同时尽量做到宽敞和富于层次，还需要考虑消化掉室内衔接的原有地坪与花园的地势高差。设计师通过不占空间的木质围墙，分割与几户邻居的院子；将木围墙与花坛结合种植植物，营造绿意的自然合围感；通过花坛与固定坐凳结合，增加了空间容纳人数的能力还增强了花坛的层次感和丰富性，避免了单调；在客厅室内对景的视线区域，设计师巧妙地设计了一堵月洞墙与户外吧台，让此处具有非常好的实用性，同时有成为客厅的景观，月洞墙与吧台的完美结合，让空间层次得到丰富，视觉的空间感得到放大。

设计考验的就是对空间的把握，材质的应用，衔接的处理，月洞墙、吧台、石柱水景、植物树池、沙发休闲区、吧台就餐区在庭院的核心区完美地结合相衬，给空间创造更丰富的体验方式，也是聚会开派对抑或是发呆看书品茗的理想场所。

进入夜晚，花园才到了真正动人的时刻，正所谓"暗"里为之着迷。

在耐候钢板屏风的上下，设计师做了光源处理，使之呈现若隐若现的效果。木围墙上增加竖向灰色格栅，配合着灯光效果，拉高视觉空间感。过道利用竹子围合，辅以灯饰，光影婆娑，温馨浪漫的氛围弥漫于花园之中。

在花园的细节处理上，耐候钢板的锈蚀形态和"三岳"流水小品的自然形态形成呼应，成为花园独特的视觉焦点。

随着每天不同时间的光影变化，小品之间呈现出独特的色彩和质感，可为花园增添别出心裁的艺术魅力。

西边院是个 U 形空间，实用价值不高，设计师在此处设置了户外烧烤操作台，拖把池等实用花园设施，将空间充分利用，户外烧烤操作台，形式虽简约但建造和工艺却不简单，为了横线整体的柜门，设计师和项目经理可没少花功夫和思考，毕竟目前能提供给户外用的漂亮柜门实在太少，为了这一分简意园居，设计师只能发挥我们自己的创造力。

当然，设计师在植物设计上也下足了功夫，在保证花园四季常绿易打理的前提下，每个季节又有不同的变化，带给业主不同的感受。设计师安排种植了木绣球、油橄榄、蜡梅等精致、色彩丰富的花卉植物，使花园呈现出一片生机盎然的景象。

余杭御华府 ·················

项目地址：杭州市
花园面积：100 平方米
设计风格：现代
设计师：张健、伍琨
设计单位：苑筑景观（One Garden）

项目坐落于杭州余杭区，花园南院和北院共约 100 平方米，由狭长的过道相连。南院风格定位为现代风，北院风格定位为田园风。设计师让原本面积不大的两个花园空间得到共享，将两种不同风格的院子完美地融合在一起。

整个设计的最大亮点在于对南面空间的开发，利用空间隔断的处理方式，营造一步一景的感觉。在保证舒适感的情况下兼顾美观性，使入户的空间扩展区域得到开发。用简约的线条形式去设计休闲区域，让空间的价值得到最大的利用。

平面图

设计师根据现场环境因素,业主及家人的需求和喜好等,将花园设计定位为"现代风 + 园艺风"。让花园在满足实用与个性的同时,又不失园艺的乐趣。

L 小姐的宝宝出生后不久,花园便完工了,花园将伴随宝宝一起成长,让他可以在花园里体验自然的变化,感受户外生活的美好。

设计师在入户的右边挑空墙下设置一个涌泉水景,既能在休闲区域得以观赏,又能增加整个花园的灵动性和精致感。

为了最大化地利用空间,休闲区的坐凳被设计成与花坛结合的形式,这样便可占用最少空间,容纳最多的客人。坐凳背后的花坛种植绣球花,使得整个休闲区被花儿半围,自然的舒适感油然而生。

虽然南院可利用面积不大,但设计师还是在设计上"挤出"一块专门给孩子的草坪空间,让他们可以光着脚丫踩在草地上感受自然,同时也增添了花园的绿意。

考虑到长辈们的喜好,设计师用园艺砖堆砌出一片菜地,中间留条狭小的走道,在保证进出菜地鞋子不沾泥土的情况下,实现了菜地面积的最大化。菜地与设备间之间搭出了一个白色花架,增添了花园的园艺感,也弱化了设备间的体量感,使得设备间不再突兀,而是很自然地藏在花园中,后期也可供蔬菜或月季等爬藤植物去攀爬。待小宝宝长大后,在花架上面挂个小秋千便可升级为宝宝的玩耍天地。

特色材质:锈石板岩、宫廷黄墙石、烧结砖、铝合金屏风

特色植物:绣球、栀子花、风车茉莉、羽毛枫

同润加州花园·············

项目地点：上海市
花园面积：30 平方米
设计师：贺庆
设计单位：上海沙纳景观设计有限公司

这是一个仅有 30 平方米的小花园，却包容了多种功能元素，业主希望自己的花园兼具美观、休闲和实用。首先是就餐区，即可进食，又能赏景。其次，花园需要水景，潺潺的流水能带来一股清新的灵动感。再次，业主想将洗衣房搬到室外，让洗衣机就藏在洗手池边上的储物柜中。因为业主也喜欢花团锦簇的种植效果，由于地面空间有限，墙面则得到了充分的利用，整个花园显得非常热闹。

小小的花园涵盖了多种元素，植物、水景、餐桌、操作台……为划分花园内不同的功能区，铺装的形式可谓多种多样。入户门前与休闲区是供人活动的场所，用陶土色的砖块铺设的硬质地面适合行走、踩踏；设计师在两者之间加入一道异色方砖铺装带作为区分；种植区用细细的沙砾覆盖土表，做到土不外露，使花园的地面看起来整洁、清爽。

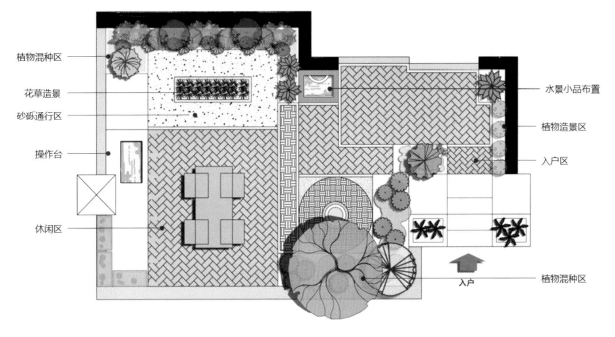

植物混种区

花草造景

砂砾通行区

操作台

休闲区

水景小品布置

植物造景区

入户区

入户

植物混种区

平面图

由天然石材铺贴的操作台以及覆土采用的米黄色沙砾颜色相近，以温暖的色调作为休闲区的背景，给人带来宁静、温馨的暖意。其下方储物柜柜门、道路一侧的木围栏则都采用与地面铺装相近的艳丽色泽。两种基调色形成激烈的视觉碰撞，既形成对比又和谐地融合。

长条形的花池中，草花、灌木、小乔木、爬藤类植物应有尽有，高低错落，疏密有致。由于 L 形种植池位于窗前，在靠近窗的位置安排生长较缓慢的矮形小灌木、草本花卉，种植密度也相对不高，这样能保证屋内有良好的采光，也能保证从内部望出来的视线不受阻碍。

操作台上方、栏杆上摆放着各种盆栽绿植，花器、植物的大小形状、品种各异，操作台的上方、围栏的顶端到处都摆得满满当当，看起来十分丰富。

庭中保留着一棵大树，树冠罩在餐桌的正上方，成为天然的遮阳伞。大树周围配植的灌木、草花品种丰富，层次分明。树下水蓝色的砖石好似一圈圈的水波，与涌动的水景遥遥相对。

正阳领郡别墅庭院……

项目地点：上海市
花园面积：80 平方米
花园造价：15 万元
施工工期：30 天
设计风格：简欧与自然
设计师：彭涛
设计单位：上海显邦园林景观设计
有限公司

业主爱好养花，希望打造一个欧式花园，以绿化为主，憧憬当自己每次回家的时候，都能触摸到花园中的一花一草一木。

走在弯弯的小路上，便可放松心情，舒缓城市生活带来的紧迫节奏感。

蓝色的陶罐在花丛中体现出高贵与优雅。不同植物高低错落，色彩交替，给人带来的是扑面而来的美感和幸福感。

覆盖物、植物和陶罐的组合，成为花园中的一处亮点。

效果图

帝景豪苑 ·······················

项目地点：张家港
花园面积：115平方米
设计师：薛陶
设计单位：张家港后生造园设计工作室
施工单位：张家港妙花匠园艺有限公司

初见业主S姐，丝毫看不出她是一位已有两个女儿的妈妈。她喜爱宠物，也喜欢花草，想要一个充满阳光、有活力的花园。十年前入住的时候，花园铺了防腐木板，做了一个小水景，但现在已经破败不堪。水景中的假山石还有很多尖角，很危险。因为房屋加固新增加了一块地方，S姐想借机进行花园改造，一是女儿能有一个自由玩耍的场地；二是自己可以在花园里招待朋友。以前买了很多花草盆栽回来装扮花园，时间长了剩下很多空盆，这次她希望能多一点收纳的空间和种植区域。

效果图

花园的东边是新加固的部分，基础生硬，且南北向较长，采光和通风都很好。东侧通过花池、木格栅形成围合，花池中间设计了两处座凳，座凳下面可以隐藏一些闲置的花盆。米色的花池点缀五彩的小花砖，搭配精致的花草，透露出花园满满的生机活力。和隔壁相连的西侧，安装上和东侧一致的木栅栏，一排配上花草的花箱摆放在木栅栏前面，增加了一分私密性，也多了很多种植区域。每天进出家门都有花儿相迎，心情无比舒畅。

家中的老人一直希望能有户外晾晒的地方，利用廊架加盖玻璃顶便形成了一个多功能空间，下雨天也不用担心晾晒的被服。由于北侧窗高的原因，廊架分了两段，北侧高一些，安上门窗便是一个暖房，冬天一些盆栽植物搬进来也能安然越冬。南侧廊架立柱上攀爬着藤本月季。精心设计的操作台结合拖把池、置物架、花池、收纳柜于一体，精致的花砖贴面、缤纷的牵牛花、可爱的小玩偶等细节，处处彰显出花园主人时尚年轻的生活状态。

原先尖锐的假山石水景被敲除后，取而代之的是由圆润

的鹅卵石围合而成的小池塘，池塘旁边是一小片花境自留地，几块汀步石通到花丛中，这里是给女儿和妈妈一起享受花草种植乐趣的地方。

改造完工后，S姐告诉我现在每天早晚都会在小院里转一圈坐一坐，喝杯茶，周末也经常会约上好友在小院里聚一聚。一家人在花园里其乐融融，非常幸福。

万象九里 ·······················

项目地点：无锡市
花园面积：150 平方米
花园造价：30 万元
主案设计师：郎秋波
设计 / 施工单位：无锡耐氏佳园艺
有限公司

随着城市生活节奏的加快，人们越来越青睐简单而舒适的生活空间，享受逃离喧嚣都市的静谧生活。业主希望这座花园简约时尚，生活气息浓郁，在繁忙工作之余能够尽情享受花园生活，令全家放松。也希望花园能够承担接待、宴请朋友的功能。

本案中，整个花园以黑白灰为主基调色，以直线条为主，力求舒畅。地面上大部分以灰白石材相结合的铺贴方式，干净整洁。中间部分嵌有小片草坪，在黄昏之时，柔柔淡淡的阳光洒落，全家一起在花园中聊天、休息，喝上一杯香浓的咖啡，一扫疲倦，惬意放松。

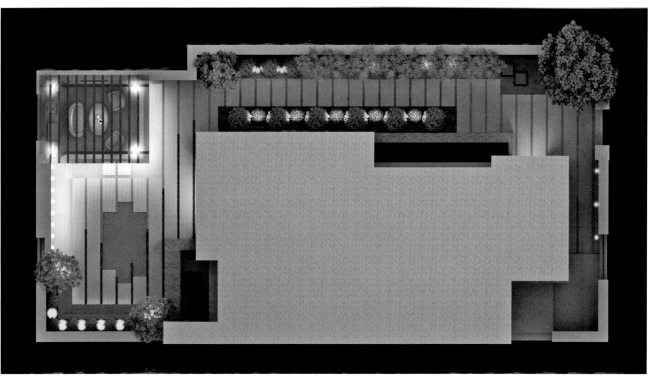

效果图

主墙面中间设计一处灵动的流水墙，水流到池面会泛起一圈圈的波纹，粼粼的波光，像是舞动的音符。

花园原有围墙结合木质围墙，看起来温和细腻，与院子的整体景观协调相应，简洁的纹理构造，能轻易地贴合建筑的外观。东南角木条拼接，与旁边硬质花坛景观衔接在一起，是景观，也是实用的座椅。

植物配置上，以繁花盛开为设计主导思路，种植了茶梅老桩、高山杜鹃老桩，以及映山红、绣球等开花的乔灌木，在不同的季节交替开花，使庭院四季更替，都有丰富的景观效果。

"宁可食无肉，不可居无竹"，道路一侧围墙处种植了一排竹子，自然飘逸。紫竹亭亭玉立，为花园增添几分诗意的美。

庭院中的花卉绿植，不仅可以在日间提供令人赏心悦目的视觉景象，还可以为夜间派对提供清新芬芳的嗅觉享受，无拘无束的庭院环境可以让人心情更加放松。

设计师最近一次造访花园，发现业主正在准备花园晚餐。她喜悦地切着水果，往花园里端菜。朋友们陆陆续续地到来，坐在花园里吃水果，聊天，等待晚餐的正式开始。花朵们安静地绽放着，风吹过来，紫竹林微微作响，流水墙流水缓缓滑落，池中锦鲤犹如花团锦簇。这正是花园设计之初，业主想象的花园场景。

万科红郡 ·······················

同为设计师的业主，非常喜欢极简风格。在城市的水泥森林里待久了，她想自己的院子是绿色的、自然的，在这样放松的环境中看书、发呆，与家人聊天，分享美食，充分亲近自然，便是业主的愿景。

院子在建筑的西南面和东南面，呈L形。由于建筑和周围大树的遮挡，院子采光较差。在建筑两面均能进出院子，但东南面建筑与院子间有六步台阶的高差，使得两者之间产生很强的分离感，使用时也不舒服。于是，我们将这六步台阶分成两段，分别连接两个大小不同的平台。从室内推门走出来是一个小平台，门口摆了一组盆栽绿植，又砌了一段挡墙，既可以保护安全，又可以当作凳子坐下来看风景。沿建筑下台阶，来到一个大平台，放置一桌四椅，平台周围留出绿化带，让平台被绿色包围。走过平台下第二段台阶，旁边有一颗保留下来的大香樟树，结合台阶砌起花坛，丰富层次感。并把其中一步台阶换成老木板，延续周围挡墙线条使其具有坐凳的功能，也可以摆放盆栽绿植。

项目地点：上海市
花园面积：200 平方米
花园造价：24 万元
设计师：刘歆媛
设计 / 施工单位：上海翔凯园林绿化有限公司

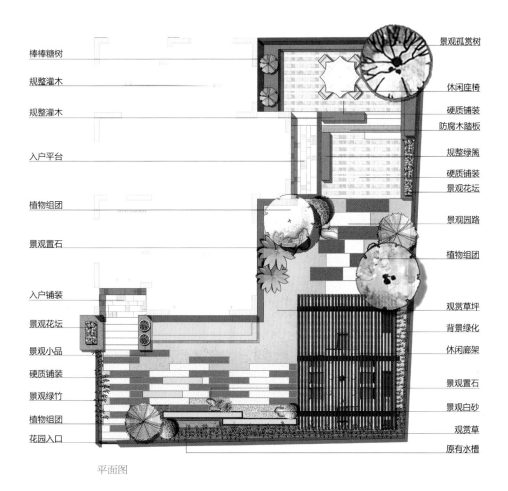

棒棒糖树

规整灌木

规整灌木

入户平台

植物组团

景观置石

入户铺装

景观花坛

景观小品

硬质铺装

景观绿竹

植物组团

花园入口

景观孤赏树

休闲座椅

硬质铺装

防腐木踏板

规整绿篱

硬质铺装

景观花坛

景观园路

植物组团

观赏草坪

背景绿化

休闲廊架

景观置石

景观白砂

观赏草

原有水槽

平面图

继续向前走，经过一段不规则的石板汀步来到廊架下，这里是整个院子最大的一块活动区。设计师放置了一个舒适的 L 形沙发和一个小茶几，干净简单，廊架边种植了木香，待其生长茂盛，阳光便可透过廊架，形成斑驳的光影。

由于业主很忙，不会有太多时间打理院子，于是设计师

取消了草坪，替换为干净清爽的灰色砾石。植物种植上，也主要选择耐阴好打理的绿色植物。整个院子最主要的设计就是绿色空间和高差处理，可以让业主站在不同的高度看到不一样的景色，使花园生活更加舒适和丰富多彩。

南京恒基富荟山 ....

项目地点：南京市
花园面积：198 平方米
花园造价：40.5 万元
主案设计师：张金娄
设计 / 施工单位：南京艺之墅园林景观设计有限公司

本案位于南京恒基富荟山，联排别墅中间户，花园位于建筑南北两端，分为南园和北苑。初次沟通后，了解到男业主是位艺术培训公司的老总，女业主是位优雅的绘画老师，品味好，格调高，富有浪漫主义情怀。

本案施工周期超过预期计划，业主非常重视细节，要求也很高，施工过程中方案还在不断改进和调整，业主不怕辛苦、亲力亲为，和我们共同打造，只为呈现更完美的效果。南园出户空间面朝南向，阳光比较充足，建筑有个大落地窗，视野开阔，透过此窗可以尽揽南园风光，南园是入院入户的唯一通道，在满足停车需求的基础上，在设计上更强调入院的仪式感，尤其是建筑大门入户的地方，结合原有的采光天窗墙体，采用对称的花池墙体，一方面和原有的建筑融合，一方面突出入门的仪式感，花池内种植造型蓝杜鹃结合镂空造型耐候钢板。

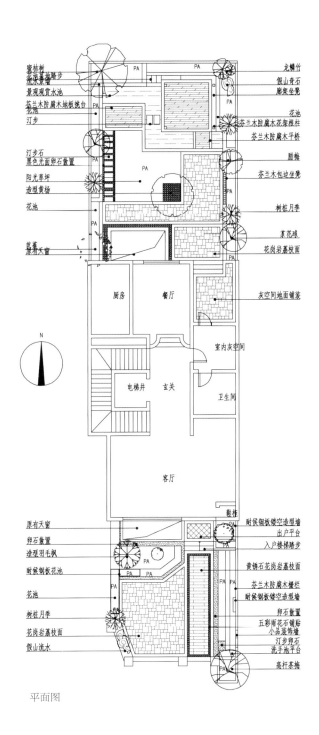

蜜桔树
北区园路踏步
流水景观
景观观赏水池
芬兰木防腐木地板挑台
花池
汀步

汀步石
黑色光面卵石散置
阳光草坪
造型黄杨
花池

芭蕉
原有天窗

厨房　餐厅

室内灰空间

N

电梯井　玄关
卫生间

客厅

鞋柜

原有天窗
卵石散置
造型羽毛枫
耐候钢板花池
花池
树桩月季
花岗岩荔枝面
假山流水

龙鳞竹
假山奇石
廊架坐凳

花池
芬兰木防腐木花架根柱
芬兰木防腐木平桥
腊梅
芬兰木包边坐凳

树桩月季

茶花疏
花岗岩荔枝面

灰空间地面铺装

耐候钢板镂空造型墙
出户平台
入户楼梯踏步

黄锈石花岗岩荔枝面
芬兰木防腐木栅栏
耐候钢板镂空造型墙
卵石散置
五彩雨花石铺贴
小品装饰墙
汀步卵石
洗手池平台
高杆茶梅

平面图

　　夜幕降临之时，暖暖的灯光透过镂空造型，映照在造型杜鹃上，一幅唯美浪漫的画面临于门旁，温馨和谐。落地窗前，一颗优美的羽毛枫，柔软细腻的叶子，红彤彤的光影，恰似朵朵红色的羽毛飘于半空，浮于窗前，遮住部分空间，颇有几分"犹抱琵琶半遮面"的浪漫情调。空间和整个建筑完美融合在一起，成为外部自然环境的有机组成部分，又和周围的景观有所区别，呈现出一种自然纯粹、与众不同的景象。窗内，是欢声笑语阖家欢乐，窗外，是花满枝头灯光流转。一花一木一春秋，一窗一景一世界。

整个后苑规整方正，也是整个庭院主要景观区休闲区，南园北苑虽然空间上是没有联系，在设计上还是希望和谐统一。同时，我更希望将其功能性最大化，并且将景观效果做到极致。进入后院后，首先映入眼帘的是特色的双层廊亭，现代、简约、大气，关于亭子的位置和业主沟通了很多次，最终决定将亭子的位置定在后院出门的端头。院外绿树成荫，色彩变幻，为亭子做了天然的背景，仿若一幅泼墨山水，浑然天成，笔法自然。

在细节上，双层廊亭是实体的，为业主遮阳挡雨，提供了一个类似于户外客厅的空间，在轻盈的水面上，灵动有趣又细腻浪漫。坐廊亭长凳一隅，听景墙水流瀑布之声，品一盏清茶，闻四季花香，阅岁月时光，仿若遗世独立，安适悠然。两侧高低错落的花池，可坐可躺，规整简约的样式，搭配各色花草树木，偶有点缀置石，微微探出，石隐于花，花傍于

石，相互依偎，可爱俏皮的佛甲草，苍翠艳丽的石竹，加上质感精细的小提琴，憨厚活泼的考拉，灵动顽皮的小松鼠……或动或静，相辅相成。

亭上复古的吊扇灯，成对的翠绿龙鳞竹，光影交错，一处处小景各有特色，相互交融，构成了一副静谧幽静的画面。庭院景色变换，别是一番意趣。一层在设计上更强调装饰和效果，镂空的架构，让阳光透过一层架构洒在平台地面上。

此外，庭院中预留了一棵精致的造型黄杨，打破了原本空旷呆板的空间，在视觉上构成焦点，不仅丰富了平面视觉感受，也丰富了竖向的层次感，环绕游走庭院，因造型黄杨的存在，各个视角尽显不同，成为庭院的点睛之笔。

时光花园 ·····················

项目地点：杭州市
花园面积：180 平方米
设计师：赵源明
设计单位：上海慢客景观设计有限公司

业主是设计师在切尔西花展上认识的朋友，也是一位花园爱好者，一家人都喜欢亲近自然并享受植物生长带来的乐趣。

花园前后院面积共 180 平方米，有大草坪、屋外休闲区、菜园区、花草种植区和置石区。从客厅望出去就是一块阳光大草坪，孩子可在上面自由奔跑、享受光照。在夜阑人静的晚上，听着旁边小水景的流水声，仿佛可以感受到万物自然。

女业主尤其喜爱花草，于是在南院的主要观赏区设置了一个田园世界，将主要种植区设计在半圆形草坪的周边，无论在哪个角度都是最佳观赏点。从出口平台经由枕木汀步到达下一个区域，在这里可以把花园的各个角落尽收眼底。

在通往侧院的碎石路上还搭配了一张紫色长椅，在开满花的花园内一下子抓住了人的眼球。南院与侧院使用花拱门将其作为物理分隔，让整个院子更具空间感。拱门上种植了木香，到了春天，这里绝对是花园的焦点。

侧院是餐厅的出入口，设计师在此设计了三个高花盆，精致的花卉组盆是餐厅景观的延续。侧院主要布置的是菜园功能，足够让老人们打发无聊的时间。后院是最少来的地方，碎石加上置石的组景不仅利于排水，且干净整洁是最主要的。

这是一家老小共同居住的地方，大家也将自己的想法注入到花园的设计中，设计师巧妙地将不同的爱好和空间相互结合，让家人们在花园中都能找到各自的生活重心。

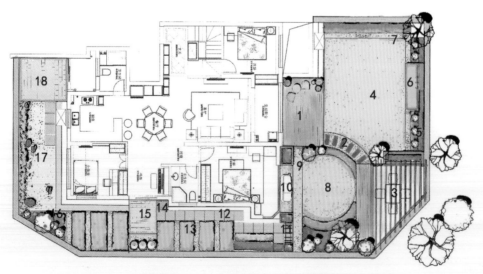

1. 出户木平台	4. 阳光草坪	7. 碎石边界	10. 休闲长凳	13. 菜园	16. 种植带
2. 木质汀步	5. 围墙种植带	8. 田园世界	11. 花拱门	14. 水栓	17. 置石区
3. 户外客厅	6. 水景	9. 碎石园路	12. 测院汀步	15. 西出户平台	18. 北出户平台

平面图

长风雅仕名邸············

项目地点：上海市
花园面积：110 平方米
设计师：Mark Zhu
设计单位：东町造园

业主本人对传统文化尤其热爱，喜欢中式元素的摆件。故而要求设计师在满足预算要求以及家庭人员居住要求的同时，使设计方案能够具有文化底蕴和品质。

改造前的露台整体都是硬质铺装，缺乏景观性。设计师计划在花园区域做一个木平台，使视野更加开阔。同时以草地为中心，串联植物功能区、菜园、水景以及休闲区，创造更多家人们的活动空间。

建筑

攀岩墙

月亮门

菜园

围栏

设备房

竹子造景

廊架

弧形座椅

木平台

水景

跌水

水景墙

效果图

主要建材：蒙古黑、不锈钢、塑木

主要植物：台湾真柏、桂花、红枫、枇杷树

入口利用弧形廊架，规避了空间直角带来的视觉和触感上的冲突。回字纹砖条与木地板穿插着铺在地上，东方味道浓郁。

休息区的休息平台用直线条设计，简洁硬朗的直线条实木廊架是新中式空间的灵魂。带有时间韵味的年轮纹路，以及圆润坚韧的木质感，体现出中式古韵的沉稳与温暖。

玻璃水池镂空的圆心是这个水池的特别之处，设计师在中心位置栽了一棵造型松树。为方便看到池内小鱼，水池外侧面镶嵌了弧形玻璃。

在耐候钢上雕刻了几株蒲公英，远远看去，金灿灿的蒲公英在水中形成了朦胧倒影，旁边的爬藤绿植与水景的墙体交织成了一幅梦幻的水彩画。

月亮门作为院子与菜园之间的通道，不但可以引入另一侧的景观，而且兼具实用性与装饰性，寓意着全家团团圆圆，以及对亲人深深的思念。

绿植迸发着独一无二的生命力，清新的绿色让画面变得格外美好，兼具格调和美感。将原本空旷的墙壁粉饰上一层葱郁，返璞归真。

设计师说："你看得见的设计，是我戒不掉的生活。"将现代制作工艺的手法，以及现代的生活理念融入中式的意境，成就了这个新中式花园作品。

丽丰·凯旋门 ··············

项目地点：阜阳市
花园面积：8817 平方米
花园造价：795 万元
设计师：郭云鹏
设计 / 施工单位：杭州草月流建筑景观设计有限公司

丽丰·凯旋门坐拥在水系之中，售楼处景观也将这一特点融入其中，以现代公园化的设计手法为表现形式，以生态自然的材料元素为具体内容，打造集"林、园、居"的生活环境，拥有空间、多情感、多体验的空间感受。想要了解这个样板花园设计，不妨通过功能划分区域来——解析。

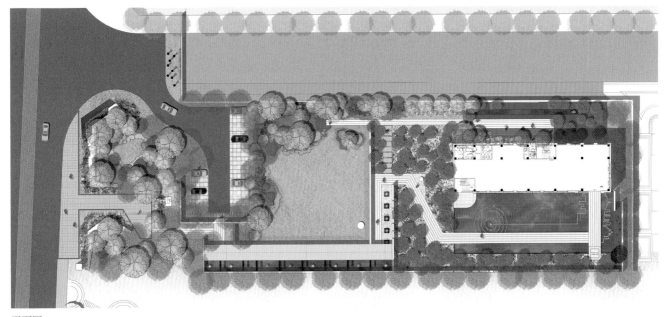

平面图

整个院子用了化繁为简的手法。场地面积不大却把空间做到了极致，墙体的巧妙应用将售楼处划分了多个空间。

到达区突出视觉冲击力，吸引人们眼球。增加售楼处的识别性，结合城市绿化带进行设计。

活动区以开敞的大草坪空间结合周边浓密绿化布置，既是视觉洗礼空间也是售楼处举行活动的场所，公园化景观也预示着未来小区具有公园般生活品质。

导入区利用 2 分钟的通行时间让客户进入放松状态，运用光与影、软与硬、开敞与遮挡的对比变化，通过现代光影长廊创造出独特的客户记忆。

后场区以镜面水承托建筑，创造品质感，强调从售楼处内部通过大玻璃向外看的效果——静谧，有意境而又不失奢华的品质空间。镜面水上的几何线条，简洁而不失精致。

祥生安吉玖溪花园……

项目地点：湖州市
花园面积：3840 平方米
花园造价：384 万元
设计师：林松松
设计单位：杭州木杉景观设计
有限公司

项目地块位于湖州县城东南方向，背靠凤凰山麓，自然环境优美，紧邻安吉大道与绕城南路。安吉光照充足、气候温和、雨量充沛、四季分明，毛竹蓄积量和商品竹均名列全国第一，是著名的"中国竹乡"。示范区提炼了大区"竹溪六逸"设计理念，运用山、水、竹等园林景观元素。项目沿袭中国古典造园理念，以现代手法来演绎，打造都市人文主义新中式景观，取繁华湖州一方静谧之地，掩映在一片静逸苍翠的竹林之中。用新中式的手法，让人梦回遥远的诗意之境，使之成为当代人们安放纷扰的宁谧之地。

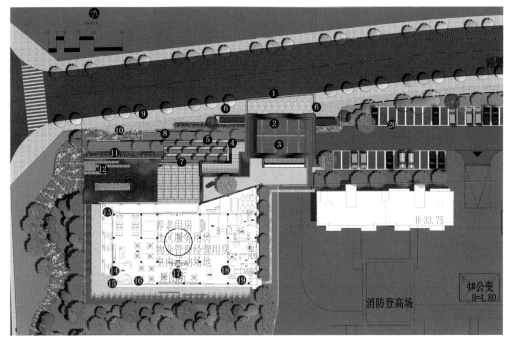

平面图

❶ 示范区入口	❷ 入口构架
❸ 景观对景	❹ 入口廊架
❺ 竹林景观	❻ 入口景墙
❼ 特色铺装	❽ 景观幽径
❾ 入口铺装	❿ 转角对景
⓫ 景观雕塑	⓬ 不锈钢景墙
⓭ 条形景石	⓮ 月洞门
⓯ 片岩景观	⓰ 特色园路
⓱ 阳光草坪	⓲ 儿童乐园
⓳ 休憩平台	⓴ 停车场

玖溪花园分为"庭山竹纹""竹影连廊""岩影松竹""水清竹影"四重空间。力求不同空间拥有不一样的体验，让人们感受竹里山水、自然景观、雅致生活、温馨家苑。

庭山竹纹：庭院沉沉白日斜，绿茵满地又飞花。设计师采用"障景"的造景手法，欲扬先抑，有种路转溪头忽见的景观效果。景墙采用蓝冰花石材，深色中镶嵌着白色的纹理，酷似竹节外形，景墙的外形交错曲折，巧妙的将竹子元素置入景墙中，丰富了景墙的层次，搭配泰山石、砂石，形成深——浅——深的色彩节奏，丰富了观赏的视觉效果。

竹影连廊：素壁斜辉，竹影横窗扫。设计师在竹影连廊采用折线的外形，顶棚镂空的形式，增加采光，一边采用石景墙，一边采用半开放的镂空格栅进行边界围合，并巧妙的利用了光影的变换，竹影摇动，投射在带有竹子纹理的景墙上，虚实结合，竹影和斜辉交相辉映，增加了空间的视觉效果，营造出"庭院竹影，廊道回转"的意境。

岩影松竹：涧影见松竹，潭香闻芰荷。设计师将景墙结合镂空的格栅，叠加上后面的竹子，虚实结合，参差交错，丰富了层次。深灰色的砂石搭配灰白相间的泰山石，加上姿态优美、枝干遒劲的迎客松，打造精致、简洁、纯粹的观赏空间，庭下积水空明。

　　水清竹影：水中藻荇交横，盖竹柏影也。过巧妙的三位一体构图，将不锈钢与水、条石与水相互映衬，相互交融，极简主义的镜面水景，将物境、情境、意境结合为一体，打造极简极致前场。水岸边种植竹子，将直白的围墙进行软化处理，竹子倒映在水面上，点染出空明澄澈、疏影摇曳、似真似幻的美妙境界。

　　以精致的空间雕琢都市人文景观，带你感受别样的休闲、思考、静养的空间环境，极具现代感，营造一种极强的空间精神和禅意的景观。

中庭下沉花园 ·············

项目地点：天津市

花园面积：162 平方米

设计师：辛亮

设计 / 施工单位：有院儿（天津）景观工程设计有限公司

项目地块为会所一层共享空间的下沉中庭场地。整体建筑及室内风格简洁明快，线条感突出。设计师将场地尽量规整处理，设计手法上用最简单的几何元素和最纯粹的色彩表现景观与建筑的协调与融合，空间秩序与建筑环境紧密联系，结合游客休憩及观赏的需求，可以打造出悠然、干净、追求艺术品质的个性化会所景观。

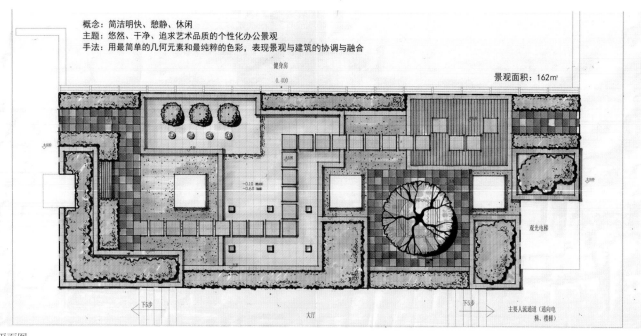

概念：简洁明快、憩静、休闲
主题：悠然、干净、追求艺术品质的个性化办公景观
手法：用最简单的几何元素和最纯粹的色彩，表现景观与建筑的协调与融合

健身房
0.400

景观面积：162m²

±0.00

-0.10 (喷池)
-0.60 (喷池)

±0.00

观光电梯

下5步

下5步

主要人流通道（通向电
梯、楼梯）

大厅

平面图

主题：悠然、干净、追求艺术品质的个性化办公景观
手法：用最简单的几何元素和最纯粹的色彩，表现景观与建筑的协调与融合

新华路米其林餐厅……

项目地点：上海市
花园面积：600 平方米
设计师：赵奕

该项目位于上海长宁区有着"外国弄堂"之称的新华路，建筑为有着 80 余年历史的两层洋房，这里曾住过多位将军，现在的业态是一家法式餐厅。

考虑到整个建筑的风格及用途，设计师努力将之打造成一个具有浪漫法式风情的对称式庭院。

花园总共分为前花园和后花园两部分。

前花园是入户花园，为满足白天作为人流通道，夜晚则成为就餐区的功能，地面设计为大面积的硬质地坪，采用了经久耐用的深灰色花岗岩石材。户外防腐木略微抬高地形，使水吧区别于其他，通过地面进行空间的划分，视通透开阔，景观的处理简洁而生动。

修剪整齐的瓜子黄杨遮盖住了建筑易污染墙角。一株似柳叶般摇曳的爬山虎点缀于白色的墙壁之上，让经过大门的路人都忍不住侧目观看。墙角的雕塑水景敲奏出悦耳的流水声，墙面上几盏斗笠形的挂饰里，栽植上垂吊的常春藤后，生硬的白墙立马变得生动起来。

穿过大厅，便来到了后花园，一座具有浓厚法式情调的雕塑喷泉位于花园中央，古董砖地面以防腐木条的嵌入，巧妙地将区域进行了空间的划分。正对着雕塑水景的尽头，是一个半圆形的类似舞台的中心小广场，可供客人休憩。一条法式风情浓厚的水泥压花砖的通道将前后紧密联系在了一起。

后花园中最醒目的便是这个纯木质结构的小酒吧了。因为这里原有一颗百年雪松，为了保护它，这件小木屋只能从它的四周开始搭建，却成了一道独特的风景。特别是夜晚来临时，树上挂满了彩色的霓虹灯，如同一棵大型圣诞树，让人无限欢喜。

北欧春之花园 ⋯⋯⋯⋯⋯⋯

项目地址：上海市
花园面积：80 平方米
花园造价：40 万元
设计师：赵奕

在中国与芬兰及瑞典建交 65 周年的时刻，作为献礼，上海环球金融中心精心策划了一系列"环球春之声"北欧主题文化活动，北欧春之花园就是为此而呈现。环球金融中心委托设计师进行了这一有意义的项目设计。这一展会性质的花园，在环球金融中心的入口大堂内展示了 3 个月。业主希望这一花园能够带给人早春的绿色气息，回归自然本源，使深居喧嚣城市和封闭写字楼的人们，能在这里静享北欧之春带来的纯净美好。

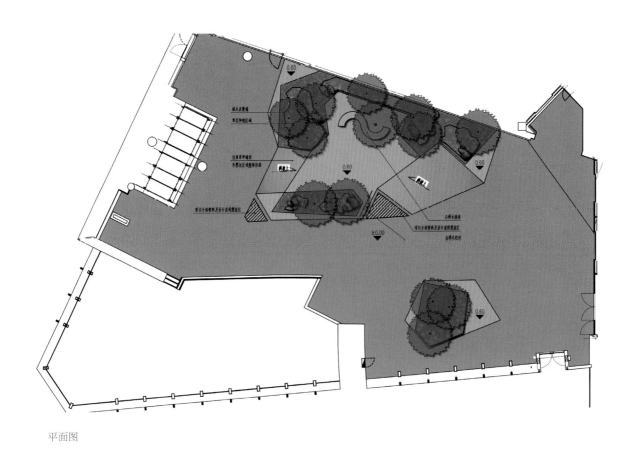

平面图

设计师在着手设计之前，先走访了该活动的策展人，同时从芬兰领事馆获取了大量关于芬兰的第一手图文资料，对北欧的风土人情有了更深一步的了解。北欧气候寒冷，森林中常见的树种就是白桦林。所以设计师大胆决定，在上海环球金融中心的一楼大厅，造一片真正的北欧白桦林。

当设计师将这一想法同业主沟通的时候，业主表示非常欣喜，但同时也对实施的可能性颇为担心。去哪里找白桦树？如何固定？怎么存活？同时，由于物业本身的高端性，实施过程中必须对所有现场基础和日常运营不产生任何影响，这也是业主反复强调并重点关注的问题。

为完美实现这一设想，设计组开了无数次实施会议，沟通讨论各个细节。首要问题就是白桦树。白桦树这一树种，在江浙地区根本无法生长，上海所有的白桦树干都是由北方运输而来。但是由于运输的成本问题，设计师跑遍了上海各个苗圃和花艺公司，所见都是用于展示的截断的白桦树干，

最长不过 2 米左右，而且小枝也已全部打掉，完全无法呈现白桦林高耸、茂密的感觉。为了完美呈现白桦林的感觉，项目组经过反复讨论，最终决定从东北林场买一批真正的白桦树苗，运输到现场种植。由于考虑到这个项目是临时展览性质，展期只有 3 个月，而且设计师想营造的，是北欧早春树木还未发芽的感觉，所以白桦树即便在上海出现存活问题，也不会影响整个景观的效果，所以这一想法得到了项目团队和业主的支持。

白桦树问题解决了，随之而来的第二个问题是，真正的白桦树高度非常高，这么高的植物要站立起来，底部需要有相当的支架予以固定。展览的安全性也是业主方首要担心的问题。买来的白桦树本身带有土球，而固定树的支撑也并不美观，如何将土球和支撑架不露痕迹地隐藏起来，使整个白桦林有从土壤里自然生长出来的感觉，是设计团队面临的第二个考验。经过反复考虑，设计师决定大胆将整个地面抬高

50 厘米，整体布局呈简洁的几何形，在主要的出入口，设置长坡道，使观众在不知不觉中，就走入了一片北欧森林。同时，抬高的地面也巧妙地隐蔽了植物的根部，营造出自然生长的树林之感。

整体框架确定后，在小品的设计上，设计师选用白桦木作为主要材料，以朴拙之感，制作了白桦木的坐凳、拱门和栏杆，呼应主题的同时，也给项目更添一分北欧的生活气息。同时，设计师还选择了一头小鹿，将其放置于白桦林中，顿时为整个项目增添了一抹灵动之色。

在细节设计上，设计师充分考虑"北欧""自然""早春"这些关键词，挑选了有红外线感应功能的蛙鸣器和鸟鸣器，隐藏在花丛中。人一旦走到附近，就会发出蛙鸣和鸟鸣的声音，十分生动有趣。另外，考虑到北欧早春，森林里植被还没有完全长出，设计师故意将较多地面留白，不种植物，而以树皮覆盖，以营造早春万物萌发的感觉。在植物的选择上，设计师也刻意选择清淡、细叶的植物，且植物品种相对较少，目的也是想让人感受到北欧早春森林中那一丝微微的凉意。另外，由于地面抬高，不可避免地会对在上行走的观众造成潜在的危险。考虑到这一点，设计师在设计中，将所有可能产生跌楼危险的边缘，都以种植区的形式予以隔离、围挡，最大程度上避免意外的发生。

整个项目由于是在物业正常运营的条件下施工完成的，项目复杂，施工周期较长，施工过程中业主方给予了大力的配合协助，项目才得以顺利完工。当东北雪地里刚刚挖出的白桦树，带着上海凌晨的露珠被运到现场时，真得好像感觉到了北欧春天的那股气息扑面而来。

信步于这片白桦林，您是否恍若置身于千里之外的北欧；在早春的鲜花芬芳里，感受萦绕的自然气息；耳畔鸟啼蛙鸣，好似一首协奏曲，小鹿从树丛中探出头来。厌倦了都市的浮躁，偶遇这片诗情画意的绿色天地，在白桦木搭成的长椅上休憩，让思想徜徉，让自己浸润在春色花园的无限生机中。

尽管设计师在实施之前，预想了种种可能性，但是唯一没有想到的，却是白桦树顽强蓬勃的生命力。从千里冰封的东北移植到早春的江南后，在仅有土球且浇水很少的情况下，一个月后，白桦树依旧顽强地发芽了。微绿的新芽，在环球金融中心大堂管道引入的新风中，微微摆动，仿佛在向周围匆匆走过的人宣告，这里是一片真正富有生命力的白桦林。

达利花园 ·······················

项目地点：上海市
花园面积：150 平方米
花园造价：40 万元
设计师：赵奕

由 K11 艺术基金会与以西班牙国王为荣誉主席的卡拉－达利基金会（Fundació Gala-Salvador Dalí）联合主办的"跨界大师·鬼才达利"超现实艺术大展，在上海 K11 购物艺术中心的 chi K11 美术馆开展之际，为配合本次大展，主办方邀请曾在 2014 年的莫奈大展上完美呈现过莫奈花园的溢柯，再次实现穿越。主办方希望，这次能够将达利的后花园从西班牙"搬"至中国上海。

从 1930 年开始，萨尔瓦多·达利与妻子卡拉居住在西班牙最东端一个风景优美静谧的小海湾——利加特港（Portlligat）。在近 40 年的浪漫时光内，达利创作出了大量的作品，现在的达利利加特港美术馆便坐落于此。

达利因超现实主义作品闻名于世，与米罗、毕加索一起被称为西班牙在 20 世纪的三大巨匠。他才华横溢且特立独行，其作品有着魔幻的吸引力，充满了怪异梦境般的感觉，即使是他的花园，都呈现出了奇特的跨界风格。

项目初期，在 K11 艺术基金会的协助下，设计师全方位地了解了西班牙达利后花园的设计背景和元素，力求呈现出大师花园中的精髓，向大师致敬。

这次要还原的后花园，它的跨界风格尤其体现在水池的设计上。一条狭窄的水道，一端连接着一个半圆小水池，另一端的尽头则是被巨蟒围绕着的一间开敞式房间。水道两旁是成双成对的天鹅，被几座大小不一的喷泉点缀着。典型的达利式桃红色嘴唇沙发，成为池边最抢眼的风景，高处屋檐上矗立着几个雕像。

水池的两侧同样富有设计感。一侧呈现平缓的沙粒地面，

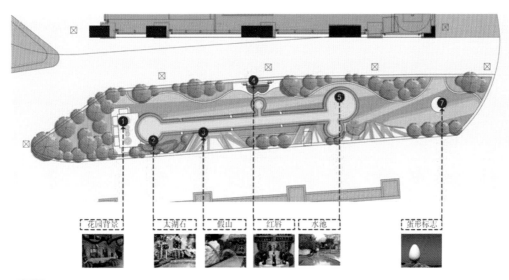

平面图

主要建材：塑石、白色户外涂料
主要植物：菲油果、蓝狐柏、直立冬青、黄金香柳、水果兰、染料木、丛生迷香

而另一侧则还原达利后花园中的假山。设计师巧妙地利用了基地两侧的高度差，从人行道一侧看，假山颇有利加特港假山的高耸之感。而从另一侧看，假山则较为低矮，不会遮挡店铺的招牌和橱窗。

K11购物中心位于繁华的淮海路，营业结束时间到夜间10点，考虑到这一花园位置的特殊性和商场运营的需要，在夜间灯光的设计上，设计师予以了加强和细化。

上海和西班牙远隔万里，要成就这魔幻花园，就需要克服若干不利条件：繁华的市心沿街、不规则的四边界、近70厘米的双侧高差、紧邻商户橱窗而无法使用常规围挡、仅能夜间施工……从设计到施工的一个月内，在设计总监赵奕的带领下，溢柯团队勇于接受挑战，最终将一座充满魔幻力量的池塘花园，完美展示在上海的淮海路上。

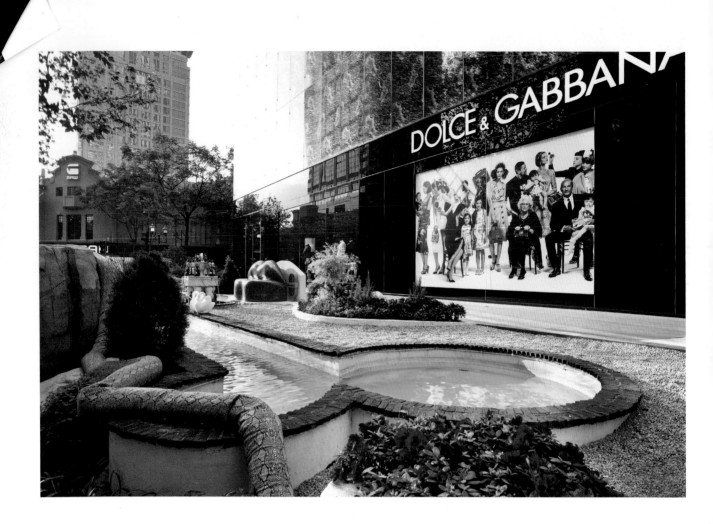